El mono estresado

Ciencia

José Enrique Campillo Álvarez

El mono estresado

Todo lo que usted necesita saber sobre el estrés, su prevención y su tratamiento, como nunca se lo habían contado

CRÍTICA

Crítica, un sello editorial de Editorial Planeta, S. A.
Avda. Diagonal, 662-664, 08034 Barcelona (España)
editorial@ed-critica.es
www.ed-critica.es

Adaptación de la cubierta: Booket / Área Editorial Grupo Planeta a partir de la idea original de © Jaime Fernández
Ilustración de la cubierta: Getty Images
Primera edición en Colección Booket: noviembre de 2024

Depósito legal: B. 17.704-2024
ISBN: 978-84-08-29468-9
Impresión y encuadernación: Qpprint
Printed in Spain - Impreso en España

Biografía

José Enrique Campillo Álvarez, nacido en Cáceres, es médico, experto en nutrición y alimentación. Se doctoró en Medicina por la Universidad de Granada y ha sido catedrático de Fisiología en la Universidad de Extremadura. Su labor investigadora se ha centrado, sobre todo, en el estudio de la diabetes, la nutrición humana y el ejercicio físico. Obtuvo el Premio Nacional de Investigación en 1989, concedido por la Sociedad Española de Diabetes. Su vocación docente no sólo la ejerce en las aulas, sino que imparte conferencias, en España y en el extranjero, en universidades, institutos y centros de enseñanza para adultos. En los últimos años ha estado interesado singularmente en la llamada «medicina darwiniana», centrada en el estudio de las enfermedades de la opulencia (síndrome metabólico y enfermedades asociadas). Sobre este asunto ha publicado diversos libros, entre los que destacan *El mono obeso* (2004), *La cadera de Eva* (2005) y *El mono estresado* (2014), todos ellos publicados por Crítica. Es autor de un blog (http://mono_obeso.typepad.com), con cientos de miles de visitas, desde donde se ofrece abundante iconografía y noticias complementarias de todos sus libros.

Agradecimientos

Este libro es fruto de la unión de dos ciencias a las que he dedicado gran parte de mi vida profesional: la fisiología y la medicina darwiniana o evolucionista. La criatura nacida de tales progenitores es una nueva visión del estrés, de sus consecuencias para la salud y de los mecanismos para su prevención y su tratamiento. Su gestación fue laboriosa a través de muchos años en los que recibí las influencias de maestros y colaboradores, que me enriquecieron con sus enseñanzas y me estimularon con sus preguntas. A todos ellos expreso mi más honda gratitud.

La fisiología humana es la ciencia que estudia el funcionamiento del organismo humano en su conjunto y requiere adquirir la capacidad de contemplar al organismo como un todo interrelacionado. Me formé en esta ciencia, a la que he dedicado toda mi actividad docente e investigadora, durante los años de docencia e investigación que disfruté en el Departamento de Fisiología de la Facultad de Medicina de la Universidad de Granada y en su hospital San Cecilio, bajo la dirección del profesor Carlos Osorio. Allí tuve la oportunidad de contar con colaboradores entusiastas como los profesores Manuel Castillo e Ignacio Osuna. Algo de las muchas horas de discusión científica e investigación que compartimos están condensadas en estas páginas.

Los fundamentos del estrés residen en los mecanismos neuroendocrinos que ponen en marcha el organismo ante cualquier emergencia. Profundicé en el conocimiento de la fisiología de las hormonas, de la nutrición y de las enfermedades endocrinológicas y metabólicas como la diabetes y la obesidad, durante los dos años que investigué en la Unidad de Diabetología del Hospital Sart Tillman de la Universidad de Lieja, bajo la dirección de los profesores Alfred Luyckx y Pierre Lefebvre y la excelente colaboración de Monique Marchand. Esta formación se completó durante mi estancia en la Unidad de Bioquímica Clínica del Hospital John Radcliff de la Universidad de Oxford, bajo la dirección del profesor Steve Ashcroft y del profesor sir Philip Randle.

Entré de lleno en el asunto del estrés a causa de una circunstancia extraordinaria que se produjo cuando me incorporé como profesor de fisiología a la Facultad de Medicina de la Universidad de Extremadura, en Badajoz. A pocos kilómetros de nuestro departamento está la base aérea de Talavera la Real, donde tiene su sede la Escuela de Caza y Combate de las Fuerzas Aéreas Españolas. Mediante el entusiasmo científico del que entonces era médico de vuelo y hoy día es el general Dr. José Luís García Alcón y el esfuerzo y dedicación del profesor de fisiología Dr. Juan Moreno, se estableció una fructífera colaboración entre ambas instituciones, lo que nos permitió realizar numerosas investigaciones sobre el estrés en circunstancias excepcionales. Para ello contamos con la participación entusiasta de las sucesivas promociones de jóvenes que llegaban a este «*top gun*» español, cada curso y eran sometidos a las más extremas situaciones de estrés físico y psicológico, como parte de su entrenamiento de pilotos de élite. Esta experiencia que se reflejó en numerosas publicaciones científicas internacionales me permitió adquirir un conocimiento directo sobre las respuestas del ser humano frente al estrés. A todos ellos y en especial al profesor Juan Moreno les agradezco su indudable aportación a muchos conceptos expuestos en este libro.

En los últimos quince años me he dedicado con pasión a formarme en esa otra ciencia progenitora de este libro: la medicina darwiniana o evolucionista. Se trata de una nueva forma de entender la enfermedad: desde una perspectiva evolucionista. Mi contribución a esta nueva y prometedora ciencia se ha plasmado en dos libros editados por esta misma editorial: *El Mono Obeso* y *La Cadera de Eva*. Cuando contemplé un asunto tan estudiado como es el estrés con la mirada original de la medicina darwiniana surgieron matices y colores nuevos que permitieron contemplar este tema tan oscuro y complejo desde una perspectiva diferente, la que les presento a ustedes desde estas páginas.

La redacción definitiva de este libro me ha ocupado varios años y he procurado incorporar las últimas novedades bibliográficas antes de enviarlo para su edición. Debo agradecer a las profesoras María Dolores Torres y María Ángeles Tormo, y al profesor Juan Moreno, todos colaboradores del Departamento de Fisiología de la Universidad de Extremadura y al Dr. Juan Manuel Sánchez Calle, eminente cardiólogo del Hospital Carlos Haya, de Málaga, la lectura crítica del manuscrito y sus aportaciones que han mejorado notablemente la calidad del texto final.

En relación a la edición quiero expresar mi agradecimiento a Clara Redondo por sus acertadas correcciones, a mi agente Silvia Bastos por sus consejos y dedicación y a la editora de Editorial Crítica, Carmen Esteban, por confiar en este *Mono estresado*.

Finalmente un par de consejos prácticos. Este libro no es un tratado médico. En sus páginas he intentado reflejar mi experiencia personal y mi particular interpretación de los datos científicos disponibles sobre el estrés. El objetivo ha sido poner al alcance del público en general no especializado una visión moderna y original sobre el estrés, su prevención y su tratamiento. Pero siempre hay que tener presente que el diagnóstico y tratamiento de cualquier enfermedad es competencia del médico. Si a lo largo de las páginas de este libro usted se ve reflejado en algunas de las patologías o situaciones de estrés descritas, consulte a su médico (muéstrele el libro).

Espero que disfruten con la lectura de *El Mono Estresado* y les sea de utilidad para estar más sanos y ser más felices. Para cualquier duda, sugerencia, comentario o lo que deseen me tienen en: www.el mono obeso.com

Badajoz, julio 2012

1

¿De qué estamos hablando?

¿Qué es realmente el estrés?

Es posible que usted haya acudido a su médico en alguna ocasión porque no dormía bien, padecía palpitaciones o quizá sufría de vez en cuando una sensación de opresión en el pecho; puede que descubriera que tenía elevada la presión arterial, algo de azúcar en sangre o que sus niveles de ácido úrico estuvieran por las nubes. Muchos de estos síntomas y otros tantos que podríamos enumerar (que cada lector añada los suyos) suelen ser una consecuencia directa o indirecta de lo que va a constituir el tema de este libro: el estrés.

Se estima que, en los países desarrollados, dos tercios de los pacientes que acuden a una consulta médica generalista (y a la de algunos especialistas) sufren síntomas relacionados con el estrés. Numerosos estudios muestran que, en las sociedades desarrolladas, los cambios fisiológicos y las potentes sustancias bioactivas que se ponen en marcha en una situación de estrés crónico pueden provocar la muerte de quien lo padece. Por ejemplo, el síndrome cardiometabólico, las enfermedades de la opulencia (obesidad, dislipemia, diabetes, hipertensión, aterosclerosis), las enfermedades cardiovasculares y el cáncer. Además, el estrés crónico es una de las principales causas de muchos trastornos cognitivos y degenerativos cerebrales (demencia, depresión, crisis de ansiedad), y es responsable de acelerar el proceso de envejecimiento. Ante este panorama, quienes habitamos el mundo desarrollado tenemos gran interés por conocer cómo prevenir el estrés y paliar sus consecuencias negativas.

Para empezar, resulta sorprendente la confusión acerca de qué es realmente el estrés, en la sociedad que tanto padece sus efectos. Hoy mucha gente emplea la palabra «estrés» a diario y para todo tipo de situaciones. Se ha convertido en un término que se utiliza para todo y apenas aclara nada. Coloquialmente, se confunde el estrés con situaciones como la ansiedad, el nerviosismo de las prisas para realizar una tarea, nuestra irritación ante la actitud indolente de nuestra pareja o la desesperación que nos provocan los caprichos misteriosos de nuestro ordenador.

Es importante que desde el principio aclaremos un malentendido muy común, incluso entre los profesionales: el estrés se refiere exclusivamente a la reacción que pone en marcha el organismo frente a una situación de emergencia, y no al suceso que la provoca. Si mientras cruzamos un paso de peatones vemos un camión acercarse a toda velocidad, inmediatamente nuestro organismo se alerta, nuestro corazón late con fuerza, se nos acelera la respiración, aumentan la glucosa y las grasas en la sangre, y nuestros músculos se contraen con eficacia para permitirnos saltar y correr para eludir el peligro. El estrés no es el camión que se nos echa encima, sino el conjunto de cambios fisiológicos que suceden en nuestro organismo frente a cualquier amenaza y que nos permiten, en esta ocasión, salvarnos del atropello.

Hoy día, la mayor parte de los sucesos que desencadenan la respuesta de estrés surgen de los acontecimientos de nuestra vida cotidiana y abarcan un amplio espectro de situaciones. Por ejemplo, abusar de la sal en las comidas, atracarse de dulces, exponerse de repente a una elevada altitud, la amenaza de un perro que nos ataca, asistir a una reunión para pactar las condiciones de nuestro divorcio, cuidar de un familiar gravemente enfermo o incapacitado, el salario que no alcanza para cubrir las necesidades de la familia, vivir en un barrio peligroso, etc. Todas son circunstancias que pueden provocarnos estrés.

A continuación, vamos a introducir los fundamentos fisiológicos del estrés mediante el desarrollo de tres ejemplos.

Las tribulaciones de una bacteria de charca

Durante la primavera llovió en abundancia y en el campo se habían formado numerosos charcos y pequeñas lagunas donde, un año más y alentada por el calor y la luz del sol, resurgía la vida.

En este entorno favorable y nutritivo prosperaba una bacteria que correteaba por las aguas cálidas en busca del alimento que le permitiera crecer y reproducirse. Se sentía protegida dentro de su membrana o pared celular, y se desplazaba con agilidad gracias al movimiento coordinado de una hermosa cola —o flagelo— que agitaba rítmicamente.

Pero esta gozosa existencia se iba a ver turbada. Alguien vertió al agua restos de detergente. El veneno comenzó a difundirse por la cristalina laguna hasta que alcanzó a nuestra bacteria. La situación era crítica, ya que el detergente podía destruir el delicado armazón de lípidos que constituye su estructura fundamental y causarle la muerte. Esto, en consecuencia, impediría que cumpliera su misión esencial: duplicarse en dos células hijas.

Pero no todo estaba perdido; unas proteínas en la pared celular detectaron el peligro y activaron una señal intracelular que alertó a determinados sistemas enzimáticos que aceleraron la producción de energía. Esto le permitió a la bacteria activar las proteínas contráctiles que gobiernan el movimiento de su flagelo. Unas cuantas sacudidas vigorosas de su cola alejaron a la bacteria de la marea mortal y la llevaron hacia aguas más seguras.

La bacteria sobrevivió a esta situación de peligro gracias a que detectó y evaluó de forma correcta la amenaza, y puso en marcha el mecanismo adecuado (estrés) para solventar el riesgo: el movimiento de huida. Todo volvió a la normalidad previa al incidente. La bacteria solo gastó algo de energía en el proceso, pero pronto la recuperaría mediante la luz del sol que brillaba con fuerza aquella mañana.

El susto de una gacela sedienta

El día había sido abrasador en la llanura del Serengueti. En el bochorno de la tarde, una gacela se acercó a beber en la única laguna que había en muchos kilómetros a la redonda. Con cautela se aproximó al agua. Sus fosas nasales abiertas intentaban captar el más leve olor a peligro, y sus pabellones auditivos exploraban cualquier sonido. Todo parecía estar en orden y comenzó a beber.

De pronto, por el rabillo del ojo percibió una sombra agazapada entre unos arbustos que comenzaba a avanzar hacia ella. Este detalle captado por los receptores visuales y luego confirmado por los receptores del olfato y del oído alertó del peligro a la gacela. La información llegó a determinados centros nerviosos en su cerebro (hipotálamo) que activaron descargas nerviosas y hormonales; su misión era poner inmediatamente en marcha aquellos órganos y procesos metabólicos indispensables para garantizar su propia supervivencia y la de la cría que llevaba en el vientre.

En pocos segundos, comenzaron a vaciarse los depósitos de glucosa del hígado y los de grasa del tejido adiposo para que abundaran los combustibles metabólicos en la sangre. Aumentó la glucemia —para mantener el cerebro alerta— y aumentaron los ácidos grasos en sangre —para que los músculos se contrajeran con eficacia—. Se aceleró el ritmo de su corazón —para permitir que la sangre circulara más deprisa y llegara a los músculos y al cerebro— y se aceleró el ritmo de su respiración —así captaba más oxígeno y se podía eliminar mejor el exceso de CO_2 que se produciría en el músculo al contraerse.

Estos y otros mecanismos permitieron que en una fracción de segundo la gacela saliera corriendo a gran velocidad y se pusiera a salvo de, en este caso, una leona que ya casi le estaba clavando las garras en el lomo.

La gacela sobrevivió a esta emergencia gracias a que detectó la amenaza y puso en marcha los mecanismos adecuados (estrés) que le permitieron eludir el ataque mediante el movimiento. Poco después, la gacela se reunió con el resto del rebaño y todo volvió a la normalidad previa al ataque. El precio fue únicamente el consumo de parte de la reserva de energía, que se gastó en la contracción muscular de la carrera y en el funcionamiento acelerado de su corazón y de sus pulmones, pero que pronto recuperaría al comer la hierba que refrescaba el rocío del anochecer.

El miedo de un oficinista holgazán

Juan Pérez había pasado una noche llena de sobresaltos y pesadillas. Aquella mañana en su oficina, tras un café apresurado, preparaba unos informes que su jefe llevaba esperando desde hacía una semana. De pronto percibió una sombra que se aproximaba, oyó unos pasos y olió un aroma característico de loción para el afeitado; todas estas señales captadas por sus receptores le confirmaron lo que temía. Alzó la vista y allí estaba su jefe, don Eufemio, con el gesto torcido y la cara enrojecida.

El peligro de despido, que afectaría a su supervivencia y a la de su familia, alertó determinados centros del cerebro, que enviaron señales urgentes a través de hormonas y descargas nerviosas. Al instante, se pusieron en marcha aquellos órganos y procesos metabólicos indispensables para garantizar la supervivencia de Juan.

En un segundo, se alertó su sistema nervioso y se dilataron las pupilas para captar más información del entorno. Se erizó el vello del cuerpo y palideció la piel de su cara, porque así su organismo ahorraba sangre periférica y la reservaba para los músculos y el cerebro. Comenzaron a vaciarse los depósitos de glucosa del hígado, y los de grasa del tejido adiposo para que el cuerpo pudiera disponer de combustibles metabólicos. Aumentó la glucemia y los niveles de grasas en su sangre, con el fin de mantener el cerebro alerta y que los músculos se pudieran contraer con eficacia. Se aceleró el ritmo de su corazón, lo que permitió que la sangre circulara más deprisa y llegara a los músculos y al cerebro. Se aceleró también el ritmo de su respiración, que dejó así entrar más oxígeno y permitió eliminar de forma eficaz el exceso de CO_2 que produjo el metabolismo acelerado del músculo al contraerse.

Pero estos y otros mecanismos destinados a permitir que Juan Pérez sobreviviera a lo que su cerebro percibía como un peligro —mediante la contracción muscular (lucha o huida)— fueron inútiles, ya que él permaneció quieto, sin mover un músculo, sentado en su silla mientras recibía sin rechistar la riña del jefe. Toda la energía movilizada, todo el exceso de trabajo cardiaco, respiratorio y cerebral puesto en marcha, toda la gran cantidad de glucosa y de ácidos grasos que circulaban por su sangre no sirvieron para nada, ya que Juan Pérez, ante la amenaza, ni huyó corriendo ni se defendió luchando. Sus músculos no consumieron la energía movilizada.

Lo peor es que a Juan Pérez estas situaciones que desencadenaban una respuesta de estrés le ocurrían varias veces a lo largo del día: en su trabajo, en el trayecto en coche hasta su casa, o por problemas familiares, económicos o con el vecindario. Cada vez, como la situación de estrés no se acompañaba de movimiento de lucha o huida, un exceso de hormonas de estrés, de glucosa y de grasas se le quedaban circulando por su sangre y al final acababan pegándose a las arterias y alterarían la función de algunos órganos; esto podría provocarle alguna enfermedad grave o incluso la muerte por problemas cardiovasculares.

El cerebro marca la diferencia

Los ejemplos anteriores muestran, de una forma general, que el estrés es el conjunto de mecanismos que cualquier ser vivo (bacteria, gacela u oficinista) pone en marcha cuando percibe algún acontecimiento como una amenaza para su supervivencia o para su capacidad de reproducción. A ella responde activando unos procesos muy complejos (estrés) que radican fundamentalmente en diversas partes del cerebro, en los nervios y en algunas hormonas, y cuya misión es preparar al organismo para sobrevivir a esa amenaza.

Estas fuerzas son poderosas y eficaces y, cuando cumplen su misión, permiten que el protagonista sobreviva y conserve la salud. El problema surge cuando estas fuerzas (hormonales, nerviosas, metabólicas e inmunológicas, entre otras) se activan en exceso o reiteradamente (estrés crónico) y su actuación y disipación natural se ven bloqueadas por los condicionamientos sociales o laborales propios de los seres humanos que habitan sociedades desarrolladas. De hecho, no estaría bien visto socialmente que Juan, el oficinista, saltara sobre su jefe por encima de la mesa y le mordiera la yugular, o que saliera corriendo dando alaridos. Y, sin embargo, son las respuestas que demanda su fisiología.

Casi todos los mecanismos que se ponen en marcha en los seres vivos para sobrevivir a una amenaza son comunes a todas las especies, excepto en lo que atañe al cerebro. Este potente órgano, tan desarrollado en nuestra especie, nos aporta ventajas extraordinarias de supervivencia, pero también es, en gran parte, el responsable de muchos problemas de salud que nos ocasiona el estrés.

La bacteria que navega feliz en las aguas de la charca solo responde a un peligro si sus receptores lo detectan. No se dedica a imaginar peligros potenciales y a desencadenar las respuestas al estrés solo porque mientras navega en las aguas cristalinas se obsesione con la posibilidad remota de que se tope con algún peligro. Este, sin embargo, sí es un problema de los seres humanos, que podemos vivir a diario varias situaciones ficticias de estrés, pero a las que nuestro organismo responde como si fueran reales, tal es la capacidad de nuestro cerebro de recrear con realismo una situación peligrosa.

La gacela que acaba de escapar de las garras de la leona, en cuanto está a salvo con los suyos, olvida por completo aquel suceso estresante; solo se fija a su cerebro el acontecimiento concreto, para que la próxima vez que vuelva a beber en esa charca vaya con mucho más cuidado. No se dedica a recordarlo una y otra vez, o lo comenta con las otras gacelas mientras está tranquilamente reposando: «Si vierais qué susto me acaba de dar una leona...». El hecho de rememorar una y otra vez los sucesos estresantes, magnificándolos incluso, es una característica exclusiva de los seres humanos.

El problema es que cada vez que evocamos un suceso estresante, gracias al poder de nuestra imaginación, revivimos el acontecimiento con toda su crudeza y ponemos en marcha todas las respuestas nerviosas, metabólicas y endocrinas implicadas; como si se tratara de la situación real. Juan Pérez, cuando llega a casa y, muy enfadado, le cuenta a su esposa el incidente ocurrido en la oficina, vuelve a poner en marcha los mecanismos nerviosos, hormonales y cardiocirculatorios por el mero hecho de la evocación del suceso estresante. Le volverá a suceder cuando lo rememore una y otra vez mientras da vueltas en la cama intentando dormirse.

El daño del estrés crónico

Pero ¿por qué el estrés en lugar de salvarnos de una dificultad, de un peligro que nos amenaza, se convierte en un problema para la salud? ¿Por qué esta compleja interacción de nervios, músculos, hormonas, órganos y sistemas que constituyen el estrés puede desencadenar irritabilidad, insomnio, dolores de cabeza, taquicardia, diabetes, demencia, cáncer o un infarto de miocardio?

El estrés es un mecanismo de supervivencia que forma parte de la vida diaria de las personas, los animales, las bacterias e incluso de las plantas. Es un mecanismo fisiológico que, cuando se pone en marcha a su debido tiempo y con la intensidad precisa, no solo no causa daño, sino que casi siempre permite al organismo superar situaciones críticas, mantener su capacidad de reproducción o salvar su vida. Veamos algunos ejemplos.

Cuando una planta sufre una sequía, responde con lo que los agrónomos denominan «estrés hídrico»: pierde hojas y frutos para ahorrar agua y solo mantiene las funciones mínimas para sobrevivir hasta que vuelven las lluvias. Otra situación parecida puede darse en un rebaño de ovejas que apenas tenga hierba que comer. En este caso, la hambruna pone en marcha una respuesta de estrés que inhibe la reproducción en las hembras hasta que se produzcan mejores condiciones para ello. Por ejemplo, la ausencia de vegetales y la falta de animales ocasiona que una tribu de cromañones apenas tengan comida con la que saciar su hambre. La falta de nutrientes desencadena en ellos una respuesta de estrés que tiene por misión permitir su supervivencia hasta que logren encontrar alimento.

El problema surge cuando esa respuesta de estrés es excesiva, desproporcionada o se reitera de manera constante a lo largo de días, meses o años. La sequía se prolonga tanto, que la planta se seca; el rebaño de ovejas no se reproduce y los adultos desaparecen; los individuos más débiles de la tribu de cromañones van muriendo por la falta de nutrientes indispensables para mantener la vida.

Pero el estrés crónico es un suceso raro en la naturaleza. Para la mayoría de los seres vivos (incluidos nuestros ancestros paleolíticos) y en las más variadas circunstancias, la respuesta de estrés frente a un determinado acontecimiento que pone en riesgo su vida o su reproducción es siempre una crisis transitoria: o se acaba la crisis (vuelven las lluvias) o se acaba el ser vivo que la padece (se secan las plantas, desaparecen los herbívoros, mueren los cromañones). Hay algunas excepciones, como veremos más adelante.

La situación en el ser humano moderno, sobre todo en el que habita en países desarrollados y opulentos, es diferente a la de nuestros ancestros o a la de los seres humanos que aún viven hoy en condiciones paleolíticas. Nosotros podemos estar sometidos a diferentes amenazas que nuestro cerebro interpreta como un riesgo para nuestra vida y nuestra reproducción, y que persisten durante semanas o años. En estas condiciones, los mediadores hormonales y nerviosos que se liberan para organizar y controlar la reacción de estrés, así como los cambios metabólicos, inmunológicos y cardiovasculares que se desencadenan como parte de la reacción de estrés, en lugar de cumplir su función beneficiosa (resolver el conflicto), cronifican sus efectos, se tornan agresores del propio organismo y desarrollan todas las enfermedades relacionadas con el estrés.

Por eso es fundamental que tengamos una idea precisa de qué es realmente el estrés; esta es la única vía para prevenirlo y tratar con eficacia sus consecuencias negativas. Y este es el objetivo de este libro.

La heterogeneidad del estrés

Las letras que componen la palabra ESTRÉS ponen de manifiesto su enorme complejidad. Vamos a analizar las claves que encierran.

1. Estímulos diversos

Los estímulos capaces de desencadenar una respuesta de estrés son muy variados y sus efectos dependen de cada sujeto en particular e incluso, en un mismo individuo, dependen del momento anímico en que se encuentre. No solo se trata de estímulos lesivos, desagradables o dolorosos, como infecciones, hemorragias, hipoglucemia o agresiones, calor, frío o soledad. También son estímulos todo aquello que el sujeto percibe como una amenaza para su supervivencia o su capacidad reproductora, ya sea un problema real o imaginario, pero que ocasiona miedo, ansiedad, sorpresa, presentimiento. Asimismo hay que incluir la gran variedad de acciones como abusar de dulces, de grasas saturadas o comer en exceso o demasiado poco.

2. Sustancias mediadoras

Ya veremos que ante una respuesta de estrés se pone en marcha una gran cantidad de sustancias cuya misión es evitar que esa amenaza cause daño a nuestro organismo y reparar las consecuencias del estrés. El exceso agudo o crónico de muchos de estos mediadores es la principal causa del daño por el estrés, y se manifiesta de forma diferente en cada persona, dependiendo de los factores añadidos que concurran (genética, sexo, edad, obesidad, diabetes, tabaquismo, sedentarismo, etc.).

3. Tiempo durante el que está actuando el estrés

No es lo mismo que una situación estresante actúe sobre un breve lapso de tiempo, que se prolongue de manera continuada durante horas o días, que actúe intermitentemente durante meses, años o a lo largo de toda la vida. El estrés puede ser agudo o crónico, intermitente o constante. Cada una de estas circunstancias temporales confiere una especial gravedad y depende del tipo de estrés y de las complicaciones que provoque.

4. Respuestas individuales

Cada persona responde de diferente manera ante una situación estresante y para cada una varían las consecuencias negativas para su salud. Esto depende de la intensidad del estímulo, de la duración y de su predictibilidad, entre otros factores, y también juega un papel importante la predisposición genética de cada individuo.

5. Enfermedades que ocasiona el estrés

Son muy variadas y dependen de numerosos factores. Por una parte, de lo sano que esté el individuo, lo que a su vez depende de factores genéticos, ambientales y de su estilo de vida. Y también de la percepción del estrés, que viene determinada en gran parte por su personalidad.

6. Sensibilidad individual

Un estímulo estresante para una persona no tiene por qué serlo para otra, que puede incluso disfrutar con ello. Y un estímulo estresante para una persona hoy puede no serlo mañana. Lo que una persona considera estresante para ella depende de muchos factores (personalidad, capacidad de resolver problemas, actitud general ante la vida y sistemas de apoyo social y familiar). Hay personas que cada vez que tienen que hablar en público se les seca la boca, tienen palpitaciones y van al baño varias veces; otros disfrutan en un escenario o en una tribuna.

Los «estreses»

Otra de las razones de que tanto el público como los profesionales no comprendan qué es realmente el estrés se debe a que se meten en un mismo cajón cosas dispares. Debemos tener en cuenta que las situaciones críticas que pueden afectar a la supervivencia y a la reproducción de los seres vivos, incluidos los seres humanos, pertenecen a tres categorías. Sí, hay tres tipos de estrés.

En este libro vamos a analizar cada una de estas categorías, que se corresponden con amenazas muy diferentes y que ocasionan respuestas de estrés también particulares. En cada una de estas circunstancias pueden desencadenarse patologías características que requieren sus respectivos tratamientos y diferentes medidas de prevención. Se trata del estrés homeostático, el estrés alostático y el estrés pantostático. ¡Qué palabrejas!

Pero no se inquieten, ya verán como la cuestión es mucho más sencilla de lo que parece a primera vista.

A lo largo de las páginas siguientes, vamos a analizar cada una de estas modalidades de estrés, y en cada caso estudiaremos: 1. Cuáles son los estímulos (internos o externos) que ocasionan una amenaza. 2. Las respuestas fisiológicas y de conducta que se activan frente a esos estímulos. 3. Las consecuencias patológicas que desencadenan la sobreestimulación o la reiteración de estas respuestas de estrés. 4. Qué podemos hacer para prevenir cada tipo de estrés y paliar sus efectos negativos.

Hay que tener en cuenta que quienes habitamos en la parte opulenta y desarrollada del mundo estamos continuamente expuestos a los tres tipos de estrés. Estos «estreses» no son excluyentes, sino aditivos. Y veremos que el problema es que hay personas que, por su erróneo estilo de vida, juegan a todos los números de la lotería del estrés y, como es natural, acaban consiguiendo uno de los premios gordos, por ejemplo, un infarto de miocardio.

TABLA 1.1. Podemos diferenciar tres clases diferentes de estrés según: el tipo de estímulo que lo desencadena; las diferentes respuestas fisiológicas y conductuales que se ponen en marcha y las consecuencias patológicas que ocasionan. Cada tipo de estrés requiere unas peculiares medidas de prevención y tratamiento.

ESTRÉS HOMEOSTÁTICO (homos = similar; estasis = estabilidad) Evitar el cambio, mantener la constancia del orden interno
ESTRÉS ALOSTÁTICO (alo = cambio; estasis = estabilidad) Adaptarse al cambio, establecer un nuevo orden
ESTRÉS PANTOSTÁTICO (panto = todo; estasis = estabilidad) Sobrevivir a una agresión global que pone en riesgo la vida o la reproducción

Para saber más

Concepto de estrés

El término «*stress*» fue acuñado en el siglo pasado por el fisiólogo Walter Cannon, quien también utilizó el término «lucha o huida» (*fight or flight*) para describir la respuesta automática de nuestro organismo, cuando percibe una amenaza o un peligro, ya sea real, imaginario o presentido. Estos conceptos fueron ratificados por el médico Hans Selye pocos años después. Entre ambos sentaron las bases sobre las que se ha construido este complejo edificio que es el estrés.

Las dos publicaciones con las que todo comenzó son:

Cannon, W.B. Stresses and strains of homeostasis. American Journal of Medical Science. 189: 13-14, 1935.

Selye, H. The general adaptation syndrome and diseases of adaptation. Journal of Clinical Endocrinology. 6:117-230, 1946.

Los artículos que siguen son revisiones bien documentadas en las que se actualizan y discuten los conceptos de estrés y sus consecuencias para la salud, a la luz de los conocimientos médicos actuales.

Bruce, S., McEwen, B.S. y Wingfield, J.C. What is in a name? Integrating homeostasis, allostasis and stress. Hormones and Behavior. 57: 105-111, 2010.

Chrousos, G.P. Stress and disorders of the stress system. Nature Reviews Endocrinology. 5: 374-381, 2009.

Romero, L.M., Dickens, M.J. y Cyr, N.E. The reactive scope model — A new model integrating homeostasis, allostasis, and stress. Hormones and Behavior. 55: 375-389, 2009.

2

¿Qué hace un cromañón como tú en un mundo como este?

La medicina darwiniana

A lo largo de este libro vamos a recurrir como herramienta didáctica a la llamada medicina darwiniana o evolucionista, una metodología moderna que plantea una nueva forma de entender los problemas médicos. Esta ciencia estudia la enfermedad desde el punto de vista de la evolución biológica. Nos invita a pensar en la enfermedad desde una perspectiva diferente, y también es diferente la manera como se enfocan las causas de la enfermedad, así como su prevención y su tratamiento. Vamos a aplicar los principios de la medicina darwiniana para comprender por qué un mecanismo natural como el estrés puede producirnos una enfermedad. Y comprenderemos mejor cómo prevenir y tratar sus efectos dañinos.

Desde el punto de vista de la medicina darwiniana, muchas de las enfermedades que nos afligen a los seres humanos —en especial a los que habitamos sociedades desarrolladas y opulentas— son consecuencia de la discrepancia entre el diseño evolutivo de nuestro organismo y el uso que de él hacemos. Un trenecito de madera está diseñado para que el niño lo arrastre por el suelo tirando de una cuerda; pero si la criatura utiliza la máquina del tren a modo de martillo para clavar un clavo en una tabla, está haciendo un uso incorrecto del diseño del juguete y este se rompe. Eso es lo que, según la medicina darwiniana, ocurre cuando, a consecuencia de nuestra forma de vida, hacemos un uso incorrecto del diseño evolutivo de nuestro organismo.

Vamos a analizar este asunto con cierto detalle, ya que va a ser el fundamento que utilizaremos para proponer una nueva visión del concepto de estrés, de su prevención y de su tratamiento.

¿Qué es la evolución biológica?

La forma de nuestro cuerpo, la estructura de los huesos, el mecanismo de contracción de los músculos, el funcionamiento de los órganos digestivos, la manera en que los riñones forman la orina, la circulación de la sangre, la actividad del cerebro, el metabolismo, los enzimas que trabajan afanosos dentro de las células, el calcio que se acumula en los huesos, los procesos para metabolizar la glucosa y, por supuesto, los mecanismos que constituyen la respuesta fisiológica llamada estrés, todo ello es consecuencia de millones de años de evolución biológica; es el resultado de este proceso complejo que permite el cambio y la diversificación de los organismos a través del tiempo.

La historia de los tres mil millones de años de evolución biológica está escrita en nuestros genes. Toda esa información se encuentra codificada en una molécula singular denominada ácido desoxirribonucleico (ADN), que contiene alrededor de tres mil millones de letras que se llaman nucleótidos. Todo este texto molecular sirve como un manual de instrucciones para construir un ser humano y regular su funcionamiento. Esta información está agrupada en unos treinta mil capítulos, o genes, cada uno de los cuales contiene la información completa para fabricar una determinada proteína.

Esta proteína puede ser un enzima que cataliza las reacciones bioquímicas, una hormona que regula los complicados procesos que nos hacen vivir y reproducirnos, un transportador que se encarga de llevar las diferentes sustancias de una parte a otra de las células o del organismo, un anticuerpo que nos defiende de cualquier amenaza o un receptor capaz de recoger la información que interesa para la supervivencia.

Cualquier función en nuestro organismo está controlada o sucede porque interviene una determinada proteína fabricada según los planos contenidos en un gen. Es decir, si a lo largo de la evolución de nuestra especie apareció una determinada característica morfológica o una nueva función, ello solo pudo haber ocurrido si previamente se hubiera introducido en nuestro genoma la información necesaria para fabricar la proteína que permitía que tal función fuera posible.

El genoma es como un libro al que se van añadiendo continuamente más párrafos, con una cadencia de miles de años. Ya que el propósito fundamental de los genes es almacenar la información acerca de las estructuras y de las funciones de cada ser vivo, cada nueva propiedad adquirida en el transcurso de la evolución requirió un nuevo gen (instrucciones) para codificar esa información. Los nuevos genes (mutaciones) que aparecieron fortuitamente en algún momento de nuestra evolución y que resultaron beneficiosos para el individuo y para la especie se fueron incorporando al genoma del siguiente ser en la escala evolutiva.

Desde el punto de vista de la teoría de la evolución, todos los seres vivos que habitan en la actualidad el planeta Tierra, aunque sean tan diferentes como una planta, un escarabajo, un ave y un ser humano, tuvieron un antepasado común hace millones de años, y por ello comparten muchos genes entre sí. Nuestro genoma contiene algún gen que no ha cambiado desde que lo albergaban las primeras criaturas unicelulares que poblaban el lodo primitivo hace miles de millones de años. También alberga numerosos genes que se desarrollaron cuando nuestros ancestros eran gusanos. Contiene genes que debieron de haber aparecido por primera vez cuando nuestros antepasados eran peces que se esforzaban por abandonar el agua y caminar por la tierra. Una parte de nuestro genoma fue común con el de los dinosaurios y con el de sus descendientes, las aves. Muchos de nuestros genes son comunes al resto de mamíferos. Un 99 por ciento de nuestros genes son idénticos a los que posee cualquier chimpancé, de los que nos separamos evolutivamente hace apenas diez millones de años.

Dentro de la especie humana, la casi totalidad del genoma es idéntico en todos los individuos, incluso entre razas y poblaciones muy alejadas. Según los resultados obtenidos en el Human Genome Project (2002), el 99,9 por ciento de las letras que componen el código genético (bases nitrogenadas) son exactamente las mismas en todos los seres humanos. Cuando esta estructura genética compartida interacciona con las condiciones especiales de vida y del ambiente, ocasiona el desarrollo de las características anatómicas, fisiológicas y psicológicas que compartimos todos los seres humanos.

Esta uniformidad no es absoluta. La clave de la evolución reside en la variabilidad genética. Un 0,1 por ciento del genoma varía entre los diferentes seres humanos. A estas pequeñas variaciones que surgen en la estructura de algún gen se las denomina mutaciones. Es como si en el capítulo de un libro se cambiaran algunas palabras por otras; en la mayor parte de los casos no afecta gravemente al sentido de lo que el capítulo quiere contar, pero a veces esos cambios modifican de tal manera el texto, que cambian por completo el sentido del capítulo o incluso conllevan una interpretación muy diferente de su contenido.

En la mayor parte de las mutaciones, el cambio de una letra en un gen no afecta a las funciones de la proteína que codifica. Pero otras veces, una simple letra puede, o bien alterar gravemente la función que desempeña esa proteína, o aumentar la eficacia de la función que esa proteína desempeña.

De acuerdo con un estudio reciente, se calcula en varios millones las variaciones de una sola letra (nucleótido) que existen en el genoma de los seres humanos (cambios en un solo nucleótido; polimorfismos SNP —*single nucleotide polimorphism*—). Estas mutaciones de un solo nucleótido son las más comunes en la naturaleza, y las principales responsables de construir la diversidad genética y del impacto en las variaciones de los rasgos morfológicos y fisiológicos entre unas personas y otras. Y también son responsables de muchas de las enfermedades que hoy padecemos.

En los últimos cien mil años de evolución, nuestro genoma ha cambiado muy poco. Apenas unas pocas modificaciones en la secuencia del ADN que han proporcionado algunas ventajas muy recientes: por ejemplo, la posibilidad de digerir la leche tras el destete, algo que no posee ningún mamífero adulto y que solo disfrutan unos pocos seres humanos (menos del 40 por ciento de la población).

Pero son muy antiguos casi todos los genes que codifican la información para fabricar las proteínas relacionadas con las funciones del ser humano, incluidas las reacciones de estrés. Los estudios genéticos demuestran que estos genes han permanecido constantes a lo largo de más de cien millones de años. Esto significa que la respuesta al estrés desencadenada por una situación de riesgo, por muy moderna que esta sea (un tornillo desprendido en la nave que lleva a unos astronautas hacia Marte), requiere la puesta en marcha de mecanismos de más de cien mil años de antigüedad.

El gen propone y la selección natural dispone

La fuerza fundamental que mueve la evolución de los seres vivos es la llamada «selección natural», cuya descripción constituyó la idea genial de Darwin. Es el proceso que explica la adaptación de los organismos a las condiciones ambientales que sufrieron (y superaron con éxito) a través de toda la historia evolutiva. La adaptación se basa en los cambios morfológicos, fisiológicos o de conducta que mejoran la capacidad de sobrevivir y de reproducirse con éxito frente a determinadas condiciones ambientales.

A través de las modificaciones, la selección natural favorece el éxito reproductor: los individuos que poseen características hereditarias más ventajosas dejan más descendientes que los que carecen de ellas. Estos multiplican y dispersan la mutación heredada que les confirió tal ventaja. Es un proceso no dirigido, sino aleatorio. Las mutaciones ocurren al azar entre los individuos que componen una determinada población. Después, los cambios en el entorno ejercen una selección sobre una gran variedad de combinaciones genéticas ya existentes en una población determinada. Aclaremos estos conceptos con un ejemplo.

Imaginemos que hace miles de millones de años vivía en una ensenada de agua templada llena de nutrientes una población de células, todas parecidas pero con algunas diferencias propias de la diversidad que caracteriza a los seres vivos. Un grupito de estas células poseía, anclado en su membrana, un pequeño apéndice móvil que apenas le era útil, pero que apareció como resultado de una mutación aleatoria miles de años atrás. Un movimiento sísmico hizo que en la charca se vaciaran unos depósitos de magma volcánico que elevaron la temperatura del agua. Este cambio ambiental suponía una grave amenaza para la vida de estas células. La mayor parte de ellas perecieron en el estrés térmico. Pero otras poseían el esbozo primitivo de un flagelo, y, al aumentar la temperatura, este apéndice comenzó a vibrar. El resultado fue que estas células pudieron moverse hacia aguas más seguras y alejarse así del peligro térmico. Sobrevivieron casi todas las células que portaban este apéndice motor, y con el tiempo transmitieron a sus descendientes esta característica que, a lo largo de millones de años, fue adquiriendo mayor complejidad (flagelo) hasta permitir una movilidad celular que proporcionaba eficaces ventajas de supervivencia.

Todos los descendientes de aquellas células primitivas hemos heredado esta capacidad de movernos (huir o luchar) para defendernos frente a una amenaza para nuestra supervivencia o para nuestra capacidad de reproducción, y con la misma función de defendernos de un peligro. Aunque el primitivo flagelo haya evolucionado hasta el sofisticado sistema muscular que hoy poseemos, el fundamento es el mismo. Un flagelo y un músculo contienen ciertas proteínas con una propiedad extraordinaria, la de contraerse ante un estímulo determinado y así permitir el movimiento.

Es decir, en una población determinada, cada individuo porta pequeñas diferencias genéticas (alelos) que han aparecido en su genoma aleatoriamente, sin ningún tipo de propósito. Cuando sucede un cambio ambiental (hambruna, cambio climático) que pone en peligro a un grupo de individuos, sobreviven y se reproducen mejor aquellos que poseen algunas mutaciones que les confieren una ventaja de supervivencia y de reproducción y así transmiten a su descendencia esa mutación ventajosa.

Cuando la selección natural favorece un alelo en particular, la frecuencia de ese gen aumenta en la población en las generaciones sucesivas en detrimento de los alelos menos útiles cuya presencia va menguando. Si las condiciones ambientales se mantienen estables, el alelo ventajoso se irá transmitiendo hasta alcanzar a todos los individuos, momento en que se habrá fijado en la población. Este proceso suele ocurrir a lo largo de muchas generaciones y miles de años.

La evolución de la especie humana y el estrés

Desde el punto de vista evolutivo, el diseño actual del organismo humano, de cada una de nuestras funciones y de nuestras características morfológicas, es el óptimo, el que la evolución ha moldeado a lo largo de millones de años. Nuestro diseño tuvo que evolucionar para responder a los cambios en el medio, a los que nos fuimos enfrentando en cada etapa de nuestra evolución. En lo que respecta al estrés, nuestros ancestros desarrollaron las estrategias más adecuadas para defenderse de las amenazas que les imponía el medio ambiente. Las dos principales amenazas que dirigieron nuestra evolución —y contra las que tuvimos que desarrollar estrategias de defensa (estrés)— fueron el hambre y los ataques de los microorganismos (virus, bacterias y parásitos).

Hace un millón de años, nuestros ancestros del género Homo vivían en espacios abiertos, en el sur y el este de África, y se alimentaban de lo que conseguían mediante el carroñeo, la caza, la pesca y la recolección de todo tipo de vegetales. Mantenían una elevada actividad física y su alimentación era discontinua: largos periodos de hambruna interrumpidos por breves festines cuando se topaban con una provisión de alimentos, ya fueran los restos de un animal, una charca repleta de peces o un bosque de frutales. Para ellos, los únicos agentes estresantes eran obtener comida, procrear, cuidar de la prole y sobrevivir frente al ataque de predadores, los cambios climáticos bruscos, las conmociones geológicas (volcanes, terremotos) y la amenaza constante de virus, bacterias y sobre todo de parásitos internos y externos. Como ocurre con todos los primates, nuestros ancestros vivirían en grupos pequeños, caracterizados por interrelaciones complejas de dominación y subordinación, lo que también generaría (como sucede hoy en las comunidades de simios) un elevado grado de estrés psicosocial.

Cuando aumentó el tamaño y la complejidad del cerebro, aumentó la capacidad cognitiva, y también las habilidades técnicas (fabricación de utensilios) y la resolución de problemas complejos (estrategias más eficaces de caza y de organización social), pero también se elevó la posibilidad de sufrir estrés y sus efectos negativos. Por ejemplo, un mayor tamaño del cerebro ocasionó el nacimiento de crías muy dependientes que, para sobrevivir, necesitaban que sus padres y familiares las protegieran durante un prolongado periodo de tiempo. El cuidado de una prole tan dependiente supuso situaciones estresantes. Hace 500.000 años, estas comunidades cazaban y recolectaban en grupo; compartían los alimentos, los utensilios y las ropas, y cooperaban en el cuidado de las crías. Existirían jerarquías, ya que esta es una condición necesaria en cualquier grupo de primates. Su capacidad de respuesta a las agresiones del ambiente (que seguían siendo las mismas que antes hemos enumerado y algunas más) mejoró con los logros tecnológicos.

El Homo sapiens sapiens, es decir, nosotros, apareció hace 200.000 años en algún lugar de lo que hoy es Etiopía. De allí emigró hacia las gélidas tundras, los elevados altiplanos, las húmedas selvas tropicales o los tórridos desiertos y colonizó todo el planeta. Gran parte de las adaptaciones a medios tan diversos y tan inclementes fueron tecnológicas, las que le permitía su desarrollado cerebro: ropas, armas, viviendas, el fuego, sistemas de transporte de cargas. Pero la tecnología prehistórica por sí sola no bastó para que pudiera adaptarse a entornos tan dispares. Se impuso la adaptación genética.

Hace 40.000 años, en el Paleolítico Superior, se produjo un avance rápido en habilidades sociales, cognitivas y tecnológicas. Tengan en cuenta que los bisontes de Altamira se pintaron hace 25.000 años. Esto desembocó —hace 15.000 años— en el desarrollo de la agricultura y la ganadería, y algo más tarde en la creación de los primeros asentamientos permanentes, embriones de las ciudades. Los nuevos alimentos (cereales, legumbres, leche, sal, aceite, alcohol) y la posibilidad de tener excedentes de carne y de vegetales que podían almacenarse parecía que iban a solucionar uno de los principales problemas que asediaron a nuestros ancestros a lo largo de millones de años de evolución: el hambre. Pero surgieron nuevas modalidades de estrés derivadas del inmenso poder que otorgaba el disponer de reservas de alimentos en épocas de hambruna. Y de ahí, ya saben, comenzaron a existir unas categorías hasta entonces desconocidas en nuestra especie: los ricos y los pobres. Y surgieron nuevos agentes estresantes: la envidia, las guerras, el comercio, el poder y la ambición.

En los últimos siglos, la revolución industrial primero y la revolución tecnológica después complicaron aún más las cosas desde el punto de vista que estamos considerando. Una serie de circunstancias cambiaron drásticamente las condiciones de vida y de alimentación: la mecanización; la planificación científica de la agricultura y la ganadería; que produjeron excedentes (en las zonas opulentas del planeta) nunca imaginados; el transporte y las máquinas (que desencadenaron esa otra enfermedad que es el sedentarismo); los cambios en la estructura laboral, social y urbanística; los cambios en las relaciones sociales; los avances científicos y tecnológicos; el desarrollo de la medicina. Todas estas circunstancias dieron paso a nuevos agentes estresantes y modificaron las condiciones de las respuestas al estrés.

La medicina darwiniana del estrés

Todos estos cambios abrumaron los mecanismos de defensa previstos por la evolución para responder a aquellas situaciones de riesgo que nuestros ancestros habían padecido a lo largo de millones de años. Nuestros genes paleolíticos se vieron desbordados frente a tanta novedad. Ya hemos avanzado que, según los más modernos estudios genéticos y antropológicos, las estructuras fisiológicas y bioquímicas de nuestra especie han cambiado muy poco en los últimos trescientos mil años de existencia como especie. En realidad, todos nosotros poseemos un genoma paleolítico adaptado para sobrevivir en las condiciones de vida paleolíticas.

Con respecto al estrés, esto significa que nuestros genes almacenan la información necesaria para responder con eficacia frente a las situaciones de estrés que habitualmente sufren todos los animales en sus medios naturales. Por ejemplo, cualquiera de nuestros antecesores respondería al ataque de un animal: empuñaría con decisión su hacha de piedra o huiría y treparía al árbol más cercano, según la evaluación instantánea que hubiera hecho su cerebro sobre las posibilidades de supervivencia. Sus genes permitían esas respuestas.

Pero en la sociedad opulenta en la que vivimos, la respuesta ante una emergencia, según está programada en nuestros genes, no sirve. No podemos responder ante un estrés de forma natural. Si vamos trotando al atardecer por nuestro barrio y de repente nos amenaza un perro ladrando, no sacamos un cuchillo de sílex del bolsillo y atacamos al animal hasta rebanarle el pescuezo. Si vemos a nuestro jefe que se dirige a nuestra mesa con mala cara, no salimos corriendo a encaramarnos al árbol del patio de la empresa hasta que desaparezca el peligro. La evolución social y cultural de los últimos siglos nos ha beneficiado en muchos aspectos, pero no en este asunto del estrés.

La compensación genética

Hay otra cuestión interesante en relación con el estrés y la salud: es la llamada «compensación genética». Vamos a explicar este asunto, que es esencial para comprender cómo el estrés puede llegar a causarnos una enfermedad.

Ya hemos visto que la selección natural actúa fundamentalmente sobre el mecanismo del éxito reproductor. En este sentido, surge la siguiente paradoja: ¿cómo es posible que se hayan seleccionado genotipos que albergan condiciones capaces de desarrollar una enfermedad y problemas diversos de salud (incluidos los que derivan del estrés) en edades avanzadas, posreproductivas, sin producir ninguna ventaja aparente en edades más jóvenes, reproductivas? Uno de los ejemplos más interesantes es el de la aterosclerosis, una grave alteración muy relacionada con el estrés.

La aterosclerosis es una afectación vascular en la cual, a lo largo de años, unas células inmunológicas llamadas macrófagos van depositando colesterol y otros lípidos en la pared de las arterias. Luego, a estos se añaden células, calcio y otros materiales hasta formar una placa de ateroma que puede llegar a ocluir la luz de la arteria y desencadenar un ictus —si la arteria atascada está en el cerebro— o un infarto de miocardio —si se atora una arteria coronaria.

Aunque la aterosclerosis comienza en la infancia, sus efectos perniciosos aparecen pasados los cuarenta años de edad, por término medio. Sus manifestaciones perjudiciales corresponden a un desorden posreproductivo y que por tanto ha escapado a la fuerza de la selección natural. Pero ¿por qué hemos heredado esta gran tendencia a desarrollar aterosclerosis y a padecer sus funestas consecuencias?

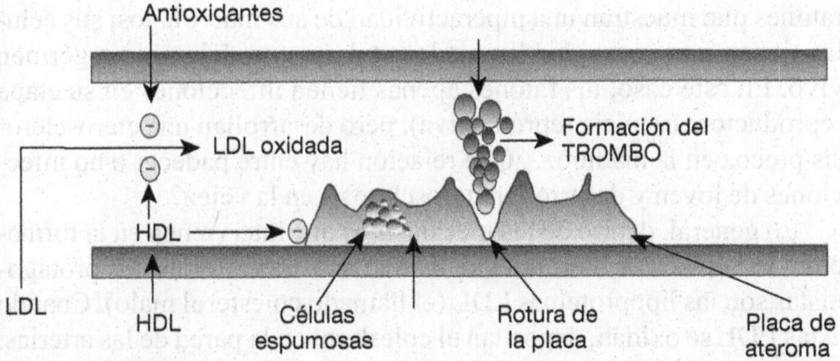

FIGURA. La placa de ateroma se va formando por el depósito de colesterol en las arterias, por las LDL (colesterol malo) oxidadas. Los antioxidantes y la lipoproteína HDL (colesterol bueno) inhiben ese depósito. El colesterol es fagocitado por los macrófagos que se transforman en células espumosas, que se quedan en la pared de las arterias. En un momento dado, la placa de aterosclerosis se rompe y se forma un trombo que ocluye la arteria en cuestión.

El mecanismo que opera en estos casos se basa en los llamados genes pleiotrópicos. Entre sus manifestaciones, está lo que se conoce como acciones compensatorias o de intercambio. Son aquellas características genéticas que producen alguna ventaja de supervivencia y de reproducción en edades reproductoras de la vida a cambio o en compensación de ocasionar desventajas más tarde, en las etapas posreproductivas.

La pregunta sería: ¿cómo una aterosclerosis en la vejez puede representar una ventaja en la juventud? Un ejemplo de la vida animal puede aclarar esta duda.

Hay una cepa de ratones que tienen alterada la función limpiadora de sus macrófagos. Los macrófagos son como los basureros inmunológicos; atrapan y fagocitan todo deshecho o célula rara con la que se topan. Esto contribuye a que el organismo se defienda, por ejemplo, frente a un ataque por bacterias (efecto positivo); pero estos macrófagos también «tragan» grasa y colesterol, que depositan en la pared de las arterias (efecto negativo). En consecuencia, estos ratones con macrófagos no muy activos muestran una gran susceptibilidad a padecer infecciones en la juventud (desventaja reproductora), pero nunca desarrollan aterosclerosis en la vejez. Por el contrario, hay otra cepa de ratones que muestran una hiperactividad de sus macrófagos; sus células tienen una voracidad limpiadora tal, que no dejan ni un germen vivo. En este caso, los ratones apenas tienen infecciones en su etapa reproductora (ventaja reproductiva), pero desarrollan una aterosclerosis precoz en la madurez. ¿Qué relación hay entre padecer o no infecciones de joven y desarrollar aterosclerosis en la vejez?

En general, dentro de los mecanismos que intervienen en la formación de la placa de ateroma que tapona nuestras arterias, las protagonistas son las lipoproteínas LDL (el llamado colesterol malo). Cuando estas LDL se oxidan, depositan el colesterol en la pared de las arterias. Pero entonces entran en acción los macrófagos. Este equipo oficial de basureros del organismo se traga todas las LDL oxidadas que van cargadas de colesterol. Pero su voracidad es tal que se atracan de grasa y se transforman en las llamadas células espumosas, que se quedan atascadas dentro de la pared arterial y aparecen en las primeras fases del depósito ateromatoso.

Es decir, en los ratones con macrófagos poco activos ocurre lo contrario: estos no atrapan mucha grasa, no se transforman en células espumosas y no producen aterosclerosis. Como consecuencia, la deficiencia de los macrófagos retrasa la formación de ateromas pero hace más susceptible al individuo portador a padecer infecciones en la juventud. Por el contrario, en los ratones con macrófagos muy activos se favorece la aterosclerosis, pero también se previene que padezcan numerosas infecciones durante la edad reproductora.

Vemos que un genotipo que permita una gran actividad de los macrófagos proporciona al individuo una mayor ventaja reproductiva, pues evita que sufra enfermedades infecciosas en la juventud, al precio de una mayor tasa de aterosclerosis en edades posreproductivas. Es decir, la aterosclerosis tardía es una compensación por una buena y precoz defensa antimicrobiana. Y el organismo (que es un envase porta genes), una vez cumplida su función esencial, la de transmitir sus genes a los descendientes, deja de tener interés biológico (se elimina el envase inservible). Veremos muchos otros ejemplos parecidos de compensación genética.

El resultado de nuestra adaptación a los cambios ocurridos en millones de años de evolución fue el diseño de un organismo capaz de superar las condiciones ambientales a través de las que tuvo que evolucionar y que nosotros hemos heredado. Muchos de estos cambios genéticos exigen un precio, una compensación: proporcionan la supervivencia y la eficacia reproductora frente a situaciones estresantes, a cambio de una mayor predisposición a determinadas enfermedades cuando las situaciones estresantes son reiteradas o excesivas.

¿Cómo podemos prevenir o atenuar los efectos del estrés?

Ya hemos señalado que la medicina darwiniana preconiza que la enfermedad surge de una incompatibilidad entre nuestro diseño evolutivo y el uso que hoy hacemos de él. Por ello, para prevenir los daños que nos pueda ocasionar el estrés, la mejor estrategia de prevención consistiría en poner en paz nuestro diseño paleolítico con nuestra forma de vida en la era espacial. Pero resulta evidente que muchas de las respuestas paleolíticas ante cualquier amenaza, para nuestra vida o para nuestra capacidad de reproducción, hoy día no son recomendables ni estarían bien vistas; es el precio que hemos pagado por nuestra evolución cultural y social. A lo largo de este libro se analizarán los mecanismos de que disponemos para prevenir o tratar las situaciones de estrés, con el fin de que las consecuencias de su cronificación nos ocasionen el menor daño posible.

Ya hemos avanzado que nuestro cerebro juega un papel muy importante en las consecuencias patológicas del estrés. En los países desarrollados, gran parte del estrés que padecemos en la cotidianeidad de la vida se debe al cerebro, que hace que podamos vivir situaciones estresantes imaginarias (sentir miedo a que nos atraquen cada vez que salimos a la calle) o magnifique cientos de veces acontecimientos de poca importancia (pasar todo el día con el organismo hormonalmente alborotado porque, una vez más, Martínez ocupó nuestra plaza de aparcamiento en la empresa). Por eso, en este asunto de mantener el estrés a raya, nuestro cerebro juega un papel muy importante. En consecuencia, un manejo eficaz del estrés requiere conocer cómo este afecta a nuestro cuerpo y a nuestra mente, cómo identificar precozmente los signos y síntomas del estrés, cuáles son las técnicas más eficaces para su tratamiento y cuándo hay que recurrir a la ayuda de un profesional.

Si no somos capaces de evitar que en nuestro organismo se desencadene, casi cada día, una respuesta de estrés, debemos poner en marcha algunas medidas eficaces para neutralizar los efectos indeseables de las potentes sustancias que se liberan y así minimizar sus efectos. Existen numerosas técnicas muy eficaces, como las técnicas de relajación, la meditación, la práctica habitual de ejercicio físico y la alimentación correcta, entre otras muchas más. Cuando todo esto falla, entonces habrá que recurrir a la medicación específica para tratar cada problema que nos afecte según dictamine el especialista. Pero esta es una etapa que, en la mayor parte de los casos y si se siguen las normas de prevención que se explican en las páginas y la bibliografía de este libro, podremos evitar.

Para saber más

La medicina darwiniana

La relación de la teoría de la evolución con la medicina empezó desde sus primeras formulaciones darwinianas, a finales del siglo XIX. Pronto se publicaron algunas monografías, casi exclusivamente inglesas, que aplicaban las teorías darwinianas a diversos aspectos médicos. Un español fue pionero en este asunto. Se trata del catedrático de Patología General, Roberto Novoa Santos. En 1916 publicó su *Manual de Patología General*. En este texto Novoa aplicó, por primera vez en toda la historia de la medicina, hasta donde podemos constatar, las teorías de Darwin al concepto de enfermedad. Novoa definió la enfermedad como «un fenómeno evolutivo de adaptación o desadaptación al medio». En su texto escribe: «La enfermedad es un proceso que traduce la falta de adaptación del organismo a los más variados estímulos morbosos (excitantes patógenos); y las reacciones que sobrevienen en este estado deben conceptuarse como expresión de la tendencia del cuerpo vivo a adaptarse a las nuevas condiciones a que se encuentra accidentalmente sometido».

Es a partir de los años cincuenta del siglo pasado cuando comienza a considerarse la enfermedad como una consecuencia de vulnerabilidades producidas y mantenidas por la selección natural. En esos años empiezan a publicarse artículos y monografías en Inglaterra y Estados Unidos, que exploran experimentalmente los orígenes evolutivos de las enfermedades. No obstante, hasta el año 1985 los registros bibliográficos a nivel mundial solo detectan un reducido interés por la medicina darwiniana, de alrededor de diez publicaciones anuales. Pero a partir de esta fecha se produce un fuerte incremento en las publicaciones sobre medicina darwiniana hasta superarse las cien anuales en 1991, año en el que se publicó el trabajo de Williams y Nesse (*The Dawn of Darwinian Medicine*), que se considera el hito que marca el auténtico nacimiento de la medicina darwiniana como disciplina científica.

A continuación se citan algunos libros y artículos a los que pueden recurrir aquellos que quieran profundizar en la medicina darwiniana o medicina evolucionista, su historia y sus aplicaciones en prácticamente todos los campos de la medicina.

Campillo, J.E. *El mono obeso*, Crítica, Barcelona, 2004.

—, *La cadera de Eva*, Crítica, Barcelona, 2006.

—, El darwinismo y la medicina española: una perspectiva histórica. *eVOLUCION* 9: 55-58, 2008.

Nesse, R.M. y Williams, C. *¿Por qué enfermamos?*, Grijalbo Mondadori, Barcelona, 2000.

Stearns, S.C. *Evolution in health and disease*, Oxford University Press, Oxford, 1999.

Trevathan, W.R., Smith, E.O. y McKenna, J.J. *Evolutionary Medicine*, Oxford University Press, Oxford, 1999.

Zampieri, F. Origins and history of darwinian medicine. *Humana Mente*. 9:13-38, 2009.

En las siguientes obras sobre la teoría de la evolución se puede encontrar información sobre los conceptos modernos acerca de los mecanismos de la evolución y de la selección natural, con especial énfasis en los aspectos genéticos de la evolución.

Arsuaga J.J. *El enigma de la Esfinge*, Plaza y Janés, Barcelona, 2001.
Bauer, M. y Ziegler, G., *La aventura del hombre*, Maeva, Madrid, 2003.
Dawkins R. *El gen egoísta*, Salvat Editores, Barcelona, 1993.
Oppenheimer S. *Los senderos del Edén*. Editorial Crítica, Barcelona, 2003.

Para aquellos que deseen aclarar sus dudas en aspectos de la genética humana recomiendo las siguientes obras:

Jiménez Sánchez A. *Destinados por el azar. Cultura genética para entender el mundo actual.* Bubok Publishing, 2011.
Ridley, M. y Genoma, M. *La autobiografía de una especie en 23 capítulos*. Taurus, Barcelona, 2000.

3

Organización de la respuesta de estrés

Organización general de los sistemas de defensa

Cualquier sistema defensivo, ya sea el de una célula, el de una vivienda, una empresa o una nación, tiene los mismos componentes y desarrolla las mismas estrategias ante una emergencia. ¿Cómo pueden parecerse el sistema defensivo de una ameba al de una vivienda, o el sistema defensivo de un ser humano al de una nación? No hay que sorprenderse, pues, como diría un castizo, «*todo está inventao*». El ser humano nunca ha diseñado nada que no exista ya en la naturaleza o en el universo (desde la energía nuclear de las estrellas, hasta el sónar de los murciélagos) y ello incluye los dispositivos de defensa frente a agresiones internas o externas.

Receptores

En cualquier sistema defensivo, existen unos dispositivos capaces de detectar e identificar correctamente la naturaleza del peligro. Pueden ser desde los sensores de humo o de movimiento que protegen nuestro domicilio o nuestro negocio de incendios o de ladrones, hasta los satélites artificiales y otros medios sofisticados que informan a una nación de la llegada de aviones o misiles. Cualquiera de estos detectores, ya sea sencillo o sofisticado, funciona porque es capaz de detectar cambios físicos (movimiento, temperatura) o químicos (humo, tóxicos) en el medio que controlan.

El equivalente biológico de estos dispositivos va desde los receptores moleculares que posee cada célula en su superficie, hasta los complejos sistemas de detección (vista, oído, olfato, gusto, tacto, termorreceptores, mecanorreceptores, magnetorreceptores) que poseen los animales. Estos sistemas biológicos de detección, como los artificiales, permiten obtener información de cambios que pueden suceder fuera o dentro del organismo.

Todas las células tienen en la superficie de su membrana unas proteínas que están especializadas en captar todos los cambios físicos (temperatura, luz, magnetismo, vibraciones), químicos (concentración de iones, acidez o alcalinidad, osmolaridad, moléculas beneficiosas o perjudiciales) o biológicos (células extrañas, enemigos potenciales) que puedan suceder en su entorno y que puedan tener interés para su supervivencia y su reproducción.

Estos receptores no solo están situados en la membrana superficial de la célula, también en las membranas de los orgánulos intracelulares (mitocondrias, núcleos, retículo endoplásmico, etc.). Cada célula es una entidad muy compleja compuesta de numerosos compartimentos, cada uno de los cuales tiene una función particular; además de contribuir al todo, pueden sufrir sus propias amenazas y precisan de sus propios sistemas de defensa.

Estos receptores, que son específicos para cada señal, son proteínas compuestas de largas cadenas de aminoácidos y plegadas en estructuras tridimensionales muy complejas. Cuando interaccionan con el agente para cuya detección están diseñadas sufren un cambio en su estructura (puede ser un desplegamiento, por ejemplo) y esto desencadena una señal que transmite al interior de la célula la información del peligro.

Lo seres pluricelulares complejos (como nosotros) también necesitan captar las variaciones físicas o químicas que se producen tanto en el exterior como en el interior. En ocasiones, la información recogida puede implicar una ventaja para su supervivencia, por ejemplo detectar una presa, encontrar unas hierbas jugosas, dar con unas flores cargadas de polen. Pero otras veces las señales captadas del entorno nos advierten de peligros, de amenazas de toda índole: un fuego, la presencia de un predador, frío o calor excesivo.

A lo largo de la evolución, lo que en un principio eran proteínas en una membrana externa de una célula, se han convertido en receptores complejos, órganos formados por muchas células que informan al animal de todo lo que le interesa para sobrevivir: capta vibraciones del aire mediante el oído, la luz mediante la vista, la temperatura mediante los termorreceptores cutáneos, la velocidad del viento mediante los receptores en la base del pelo o del vello, la presencia de sustancias químicas en el aire mediante el olfato, y mediante los receptores gustativos determina las moléculas en lo que va a comer. Esta es solo una parte del catálogo de receptores que poseen los animales, que también, más o menos, pueden captar las variaciones en los campos magnéticos mediante receptores compuestos de magnetita o las vibraciones del suelo a través de receptores en los músculos y huesos de las patas.

También hay receptores que captan las variaciones de los parámetros que suceden en el interior del cuerpo y que pueden constituir una amenaza para su supervivencia. Están distribuidos por todo el interior de nuestro organismo, nuestros conductos y las paredes de los vasos sanguíneos. Hay receptores para la temperatura, la acidez (el pH), la concentración de iones, la presión de oxígeno, la presión arterial, los niveles de los metabolitos (glucosa, ácidos grasos, urea, etc.) que circulan en la sangre. Y otros que detectan cualquier lesión, deformación o alteración estructural que se produzca en el interior del organismo y que nos informan mediante la sensación dolorosa. Y así una larga lista de detectores de cualquier variación que haya en nuestro interior.

Transmisión de la información

La información recogida por los receptores —ya sean sensores de movimiento de un hogar o detectores de misiles de un satélite— es codificada y transmitida mediante diversos sistemas (cables, ondas, rayos láser) hasta una central de procesamiento. En los seres vivos esta tarea corre a cargo de diversos sistemas de mensajería y de dispositivos que permiten transmitir la información de manera rápida y eficaz.

Las células utilizan numerosos mensajeros iónicos para transmitir señales, no solo entre el exterior y el interior celular, sino también entre los diferentes compartimentos intracelulares (mitocondria o núcleo). Además del sodio, uno de los mensajeros iónicos más importantes es el ión calcio. Como alternativa a los mensajeros iónicos, las células suelen utilizar también moléculas orgánicas que desempeñan esta misma función. De todos los mensajeros intracelulares, el más conocido es una molécula denominada AMP cíclico (la cafeína produce aumento de AMP cíclico en determinadas células y de ahí su acción estimulante).

La transmisión de señales dentro de una misma célula es relativamente simple, como la transmisión de mensajes dentro de una vivienda. Llega una señal telefónica a nuestra casa, un receptor de teléfonos la detecta, la codifica y la envía mediante unos cables a tres lugares diferentes, por ejemplo la cocina, el dormitorio y el salón, donde hay aparatos a los que puede llegar la señal. En la célula, son los receptores específicos los que captan la señal; estos se activan y transmiten la señal a diversos lugares de la célula a través de señales iónicas o de otros mensajeros.

Pero ¿qué ocurre si se quiere que una información llegue a toda una ciudad, compuesta por miles de hogares, o a toda una nación, compuesta por millones? Es evidente que hay que recurrir a sistemas más complejos que transmitan la información para que llegue con rapidez y precisión a todos los lugares, por alejados que se encuentren. Recurriremos al teléfono, a la radio, a la televisión e incluso a la prensa, según la velocidad a la que queramos que se difunda la información.

Este es el mismo problema que tuvieron que resolver los seres pluricelulares para conseguir que la información generada en un receptor determinado (unos receptores del dolor de la piel) pudiera llegar a cada rincón del organismo, a cada órgano o tejido, a cada una de los millones de células que lo forman. Además, de forma rápida y precisa. La solución llegó con el desarrollo evolutivo de dos poderosos sistemas de transmisión de información a distancia: el sistema endocrino

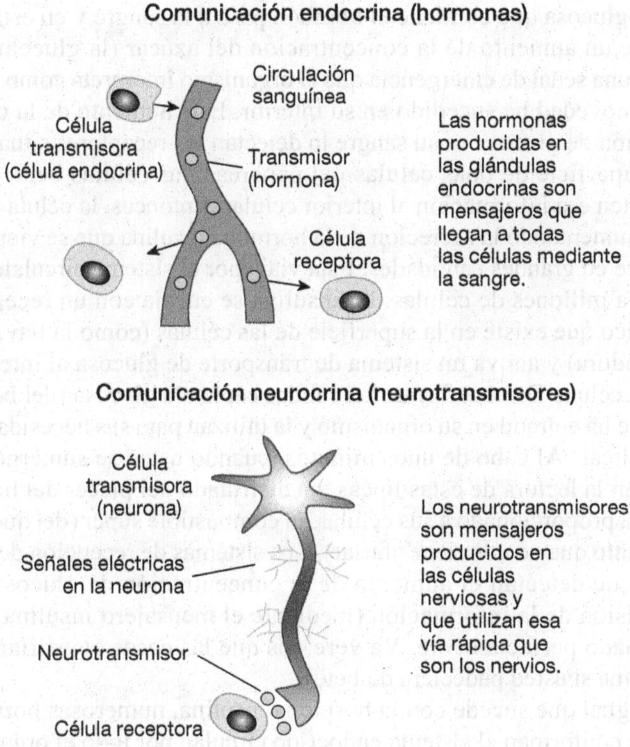

FIGURA. Principales vías de transmisión de información en los organismos más complejos.

(mediante las hormonas que viajan por los vasos sanguíneos) y el sistema nervioso (mediante los impulsos nerviosos y los neurotransmisores que viajan por los nervios).

Las hormonas y el sistema endocrino

Imaginemos que ahora usted deja de leer, se levanta, va a la cocina y se come un bombón. Al cabo de unos pocos minutos de trabajo digestivo, la glucosa que contiene el bombón pasa a la sangre y en esta se produce un aumento de la concentración del azúcar (la glucemia). Esta es una señal de emergencia que el organismo interpreta como que alguna novedad ha sucedido en su interior. Este aumento de la concentración de glucosa en su sangre lo detectan los receptores situados en la superficie de unas células del páncreas, las células beta, que transmiten esa información al interior celular. Entonces, la célula responde aumentando la secreción de la hormona insulina que se vierte a la sangre en grandes cantidades. Esta viaja por el sistema circulatorio y llega a millones de células. La insulina se encaja con un receptor específico que existe en la superficie de las células (como la llave en su cerradura) y activa un sistema de transporte de glucosa al interior de cada célula. De esta forma, las células captan la glucosa (del bombón) que ha entrado en su organismo y la utilizan para sus necesidades metabólicas. Al cabo de unos minutos, cuando usted se sumerge de nuevo en la lectura de estas líneas, ha disfrutado del placer del bombón y ha proporcionado a sus células un combustible súper (del que ya le adelanto que no conviene abusar). Los sistemas de recepción de señales (que detectan el aumento de la concentración de glucosa) y transmisión de la información (mediante el mensajero insulina) ha funcionado perfectamente. Ya veremos que las cosas ocurrirían de otra forma si usted padeciera diabetes.

Al igual que sucede con la hormona insulina, numerosas hormonas que conforman el sistema endocrino circulan por todo el organismo informando a las células de las más variadas circunstancias para una mejor función coordinada que nos proporcione salud y seguridad.

El sistema endocrino es un eficaz transmisor de mensajes, pero tiene un inconveniente: es lento. Y esto puede suponer un problema grave cuando se habla de respuesta a un estrés y de supervivencia. Pasan minutos entre que las células endocrinas segregan la hormona y llega hasta las células sobre las que actúa. Además, las hormonas llegan por igual a todas las células del organismo, respondan o no a ellas. Para lograr rapidez y especificidad, la evolución diseñó el sistema nervioso.

El sistema nervioso y los neurotransmisores

Imagine que alguien ha dejado olvidada una aguja pinchada en el brazo del sillón en el que se va a sentar para leer este libro. Al apoyar la mano encima se hiere un dedo. En una fracción de segundo flexiona el brazo y, casi con la misma rapidez, suelta un taco. Este ejemplo muestra que, para determinadas situaciones de emergencia, se necesita un sistema de transmisión de mensajes más rápido y que además transmita el mensaje exclusivamente a aquellas células que deben responder (los músculos del brazo y de la fonación, en este ejemplo). Con estas perspectivas se abrió paso el sistema nervioso entre los primeros seres pluricelulares complejos. Este sistema funciona a base de impulsos nerviosos (una especie de corriente eléctrica) capaces de llegar con rapidez a donde sea necesario.

Todo esto que acaban de leer es básicamente lo que le ha sucedido cuando colocó la mano sobre la aguja pinchada en el sillón y que le permitió retirar la mano afectada inmediatamente, gracias a la contracción de los músculos del brazo estimulada por los impulsos nerviosos que llegaron a través de los nervios del brazo desde alguna parte de su cerebro.

Centros de procesamiento de la información

Todo sistema defensivo que se precie debe disponer de una central a la que llegan los datos procedentes de los sistemas de detección. Allí se analizan, se clasifican y se decide la respuesta más adecuada para solucionar el problema que ha alertado a los dispositivos de recepción. Si se activan los receptores de humos de nuestra vivienda mientras estamos ausentes, esa información llegará a la empresa que tengamos contratada. Allí se analizará esa información y elaborarán la respuesta pertinente, que en este caso es avisar a los bomberos. Si unas boyas en el mar detectan la llegada de una ola gigante, informarán al centro de alerta de tsunamis, que analizará la información y elaborará la respuesta adecuada a esa amenaza, que es informar a la población y alertar a los servicios de emergencias.

En el organismo humano, los principales centros de control de la información generada por los receptores externos e internos están en el cerebro. Numerosas áreas cerebrales intervienen en resolver las diferentes situaciones de emergencia que nos puedan afectar. Sin embargo existe un área que protagoniza la organización de la respuesta del organismo en el estrés, que es el conjunto de núcleos (agrupaciones de neuronas) que denominamos hipotálamo. A este centro llega toda la información sobre una amenaza potencial para nuestra supervivencia. Se analiza y se mandan las órdenes de respuesta a los órganos y sistemas que van a actuar para resolver la amenaza mediante los sistemas nervioso y endocrino.

Los ejecutores de las respuestas específicas

Ante la situación de emergencia, hay que poner en marcha unos medios necesarios para afrontar el problema. Si se han activado los detectores de humo en la casa y en el centro avisan a los bomberos, se movilizan vehículos y efectivos con todo tipo de instrumentos necesarios para apagar el fuego. Si los satélites advierten de la llegada de misiles enemigos, el centro activa diversas medidas, como un escudo antimisiles, sistemas de protección civil o el disparo de misiles que neutralicen la amenaza. Nuestro organismo opera de manera similar. Una vez que los centros cerebrales han detectado la amenaza, mandan órdenes nerviosas y hormonales para activar los órganos encargados de resolver el problema.

Imaginemos que mientras usted está leyendo se activan sus detectores de humo (olfato) porque huele a quemado. Esta señal llega a su cerebro y se procesa en el hipotálamo. Este revisa los archivos cerebrales de memoria que le advierten que hace un rato puso una pizza en el horno. Con esta información, el cerebro manda inmediatamente señales nerviosas que por una parte activan la contracción de los músculos necesarios para salir corriendo a sacar la pizza del horno, y por otra parte se activa el corazón y el aparato respiratorio porque el esfuerzo de la carrera va a exigir que a sus músculos les llegue más oxígeno y nutrientes para poder contraerse. Todo eso en un segundo. Haga la prueba. Mientras está sentado, mídase la frecuencia cardiaca en el pulso de la muñeca y anótela. Ahora levántese y vaya corriendo hasta el horno en la cocina. Cuando regrese a su asiento, vuelva a medirse las pulsaciones. ¿Tengo razón?

En este caso concreto de emergencia, el centro de control (el hipotálamo) ha activado los órganos necesarios para resolver ese conflicto en particular. En cada situación de emergencia, el organismo activará los tejidos, sistemas y órganos necesarios para resolver el problema específico de una forma adecuada.

Los inconvenientes de nuestro cerebro

En definitiva, cualquier amenaza interna o externa es captada por unos receptores que mandan la información a unos centros, fundamentalmente cerebrales. Allí se analiza y se elabora la respuesta adecuada. Las órdenes de actuación se envían a través de las vías nerviosas o mediante las señales hormonales, que activan los órganos y sistemas correspondientes para permitir que la emergencia se resuelva de la mejor manera posible.

La particularidad de los seres humanos es que también puede generarse la señal de amenaza en la parte consciente de nuestro cerebro sin que intervenga ninguna señal física o química externa. Por ejemplo, si recordamos una situación estresante pasada o imaginamos algo no real o presentimos una amenaza futura. Mientras usted lee tranquilamente, de repente le viene a la memoria el temor que le causa el anuncio de que va a llegar un nuevo jefe a la oficina. ¿Cómo será? ¿Le hará la vida imposible? ¿Reorganizará la oficina y despedirá a los de más edad? Esa conmoción creada en un rincón de su mente actúa enviando señales al hipotálamo, que responde como si se tratara de una amenaza real. La prueba es que cuando eso ocurre, aunque usted siga sentado, notará que su corazón se acelera y aumenta el ritmo de su respiración: estas son algunas de las manifestaciones de la conmoción interna que su imaginación genera.

Este es el poder de la imaginación y la anticipación, que hace que se puedan poner en marcha respuestas de estrés ante una mera expectativa (caminar de noche por una calle solitaria y oscura). Es un sistema fisiológico que se activa no solo por una agresión física real, sino por el mero hecho de imaginarla o presentirla instintivamente. Gran parte del llamado estrés psicológico tiene este origen. Veamos un ejemplo.

Estamos en el trabajo y nos avisan de que ha telefoneado alguien de nuestra casa con el encargo de que llamemos urgentemente. Telefoneamos una y otra vez y nadie responde. En nuestro cerebro comienzan a crearse múltiples posibilidades, a cual más truculenta, respecto a lo que le ha sucedido a nuestra pareja o a nuestros hijos. Las imágenes generadas en esta parte consciente de nuestro cerebro se transforman en señales que llegan al hipotálamo. Allí se procesa la información y se genera una respuesta de estrés (se acelera el corazón, aumenta la tensión arterial, respiramos más deprisa, nuestros músculos están tensos). Nuestro organismo responde como si hubiera sucedido una terrible desgracia. Cuando al fin logramos hablar con la familia, oímos: «llamaron del taller para decir que el coche ya está reparado». Pero la conmoción de hormonas, neurotransmisores y descargas nerviosas erróneamente desencadenadas ya ha hecho su daño.

El yin-yang nervioso

Nuestra actividad diaria (como la de cualquier animal) está continuamente oscilando entre dos tipos de situaciones. Por una parte aquellos momentos de tranquilidad, del sueño, de la ingestión de alimentos, de la digestión y asimilación de lo ingerido, la calma, la ausencia de peligros. Por la otra está la inquietud, la atención, la vigilia, la reacción ante las emergencias, el ayuno, la lucha o la huida frente a una amenaza.

Todas las funciones que determinan estos dos estados están controladas por el llamado sistema nervioso vegetativo, que es el que se encarga de controlar todas las funciones del organismo necesarias para mantenernos vivos y reproducirnos. También se le llama autónomo porque actúa con independencia de nuestra voluntad. El sistema nervioso autónomo consta de dos grandes partes que son como el yin y el yang de nuestra fisiología: el sistema nervioso parasimpático y el sistema nervioso simpático. Ambos utilizan nervios y mediadores químicos diferentes, y cada cual controla determinadas funciones corporales.

El sistema nervioso parasimpático se encarga de controlar todo lo que tiene que ver con el mantenimiento diario de nuestro organismo, la puesta a punto: la digestión y el reposo. Es la calma, el sosiego, la tranquilidad, la oscuridad y el sueño. La imagen de una persona con predominio del tono parasimpático es la de alguien haciendo la siesta, en la penumbra y al lado de la lumbre tras una copiosa comida regada con vino.

El sistema nervioso simpático se encarga de nuestra defensa ante las situaciones de emergencia. Es la atención, la lucha, la huida, la supervivencia. La imagen de una persona en la que se active el tono simpático es la del que está haciendo la siesta y de repente se produce un seísmo de gran intensidad que lo despierta, salta de su asiento y echa a correr despavorido, buscando salir a la calle lo antes posible.

Este yin y yang que nos permite sobrevivir en las más variadas circunstancias ha llegado hasta nosotros intacto desde los más profundos rincones de nuestra evolución, ya que fue la clave de la supervivencia de nuestros ancestros. Ilustremos el asunto con un ejemplo.

Uno de nuestros antecesores acaba de cazar un conejo y se lo está comiendo al abrigo de una gruta que ha encontrado. Ha encendido un fuego en el que ha cocinado al animal y que calienta el ambiente húmedo de la gruta. Una vez saciado, extiende la piel de reno al lado de la fogata y se dispone a dormir un poco. En estos momentos, en su organismo predomina el tono parasimpático. Es el que activa los movimientos y secreciones del aparato digestivo para realizar la digestión de lo que se ha comido. Activa los sistemas metabólicos (insulina) para asimilar los nutrientes y para almacenar las reservas de energía en forma de grasa corporal. Se reduce el ritmo cardiaco y la respiración. Aumenta el volumen de sangre que circula por el aparato digestivo y los órganos internos. Las pupilas se contraen para que entre menos luz. El tono o grado de contracción basal de los músculos disminuye, el organismo se relaja. Es el reposo, la recuperación, el mantenimiento, la calma emocional.

De repente, aparece en la entrada de la cueva el oso que tiene allí su guarida y ruge irritado ante la presencia del intruso. En ese instante, los estímulos visuales, sonoros y olfativos que genera el oso estimulan a los receptores correspondientes (vista, oído, olfato) del ser humano, que en décimas de segundo informan al hipotálamo para que organice la respuesta para la supervivencia. En el organismo de nuestro antepasado se apaga el parasimpático y se conecta el sistema simpático. Se empiezan a descargar mediadores simpáticos (y también hormonales, como veremos) que van a permitir que su organismo se prepare para la supervivencia. Se suspende la digestión, se acelera el ritmo cardiaco, las pupilas se dilatan, se eriza el vello de la piel y los músculos reciben mucha sangre cargada de oxígeno y nutrientes dispuestos para el movimiento de la lucha o de la huida. Su cerebro está alerta y agarra un trozo de palo ardiendo de la hoguera. Se enfrenta a la fiera que, ante la actitud resuelta del hombre y el calor y el humo que llena su cueva, decide huir.

El tono de ambos sistemas se encuentra en un continuo equilibrio a lo largo del día y de la noche, con picos en los que predomina el tono de uno u otro. Cada día de nuestra vida, nuestro organismo está viviendo experiencias y situaciones en las que unas veces predomina el tono parasimpático (sueño, digestión, calma) y otras, el tono simpático (levantarnos de la cama por la mañana, estado de alerta cuando arrancamos el coche, ver venir al jefe hasta nuestra mesa de trabajo).

Las vías y los mensajeros simpáticos

El sistema nervioso simpático es, por tanto, uno de los principales protagonistas de la reacción del estrés. Este sistema tiene unos centros operativos en el hipotálamo. Una vez procesada la información recibida, la activación simpática es explosiva y desencadena cambios físicos y emocionales que nos prepararán para luchar o huir y así defendernos de la emergencia que desencadenó su activación.

La vía nerviosa propiamente dicha descarga en los nervios un potente mediador que es la noradrenalina; gotitas de este potente neurotransmisor se depositan en la intimidad de las células de los músculos, los vasos, el corazón, los bronquios o las glándulas sobre las que actúa.

Pero garantizar una respuesta eficaz exige que la señal alcance de forma global a todo el organismo. Para ello, algunos nervios simpáticos terminan en una glándula, la glándula adrenal, que es parte del propio sistema simpático y está situada encima de cada riñón. Los impulsos que llegan a sus células determinan la secreción de una catecolamina hormonal: la adrenalina. A través de la sangre, la adrenalina inunda todos los órganos y tejidos del organismo. Se globaliza así el mensaje de emergencia del sistema simpático.

Para poder realizar sus funciones, tanto la noradrenalina como la adrenalina se unen a una serie de receptores específicos (receptores adrenérgicos y noradrenérgicos), que se hallan en la superficie celular e inducen cambios en el transporte de sustancias, iones o moléculas orgánicas. Esto ocurre en cuestión de décimas de segundo. Por eso, la activación del simpático dentro de la respuesta del estrés representa las acciones inmediatas, urgentes, las que ocurren en segundos.

Se conoce un catálogo extenso de estos receptores y su funcionamiento, y se sabe también de numerosos fármacos potentes que actúan sobre ellos modulando su función y que, como veremos más adelante, constituyen una manera farmacológica de aplacar los excesos del estrés en algunas personas. Por ejemplo, la activación del simpático dilata los bronquios para permitir una mejor ventilación pulmonar. La mayor parte de los inhaladores para el tratamiento del asma dilatan los bronquios porque contienen sustancias que imitan la acción del sistema simpático. Muchas personas sufren de ansiedad o nerviosismo porque están en permanente estado de alerta; unos fármacos eficaces para aplacar el nerviosismo y el estrés son los betabloqueadores, que impiden la actuación de los mediadores simpáticos sobre sus receptores beta.

El cortisol, lento pero seguro

La activación del hipotálamo también descarga impulsos nerviosos que alcanzan una estructura endocrina que está íntimamente asociada al hipotálamo: la glándula hipófisis.

Las señales hipotalámicas (nerviosas u hormonales) estimulan la hipófisis para que fabrique una serie de hormonas que asumirán la dirección endocrina del estrés frente a una determinada agresión. Una de las hormonas fundamentales que se liberan en la hipófisis es la llamada ACTH (corticotrofina), que viaja por la sangre hasta llegar a las glándulas suprarrenales, donde estimula la secreción de grandes cantidades de la auténtica y más importante hormona del estrés, el cortisol.

La función del cortisol es tan relevante que en todos los animales, seres humanos incluidos, el cortisol tiene un ritmo cíclico de producción que se ajusta al ritmo día y noche (ritmo circadiano). En los seres humanos la mayor secreción de cortisol se produce en la madrugada, lo que nos faculta para superar ese gran estrés diario que es el despertar. Su secreción va disminuyendo a lo largo de día hasta alcanzar un mínimo al anochecer, momento en que prepara metabólicamente al organismo para el reposo y el sueño. Esta es la razón de que, cuando nos hacen un análisis de cortisol en sangre, es importante hacer constar la hora del día a la que se realizó la extracción de la muestra.

El cortisol llega por la sangre hasta cada rincón de nuestro organismo, hasta cada célula. Se disuelve en la membrana de las células, penetra en su interior y actúa sobre un receptor intracelular. Mediante esta unión se regulan algunos genes determinados y, en consecuencia, la célula fabrica determinadas proteínas, transportadores y enzimas, que son los que van a permitir que el organismo se defienda contra la amenaza.

Este mecanismo hace que la actuación del cortisol sea más lenta que la del sistema simpático; es la segunda línea de defensa. El cortisol actúa en minutos o en horas, mientras que el simpático actúa en segundos. En el mecanismo del estrés, el simpático es el responsable de la defensa inmediata, de la lucha o de la huida (o de hacerse el muerto), y la acción preferente del cortisol es reparar los posibles daños que el incidente haya ocasionado, permitir la recuperación y, sobre todo, fijar en determinadas áreas cerebrales lo sucedido para que no se olvide el incidente.

Otros mediadores y sistemas de protección

Son numerosos las hormonas y los mediadores neurocrinos que intervienen en la elaboración de las respuestas frente a los diversos tipos de estrés. Se irán describiendo a lo largo del libro. Pero conviene reseñar aquí otros mensajeros de especial relevancia.

Unos mediadores hormonales del estrés son las llamadas endorfinas y encefalinas: los opioides internos. Desde hace tiempo, los investigadores se sorprendían cuando estudiaban los efectos analgésicos del opio y de la morfina, ya que ambos actuaban sobre unos receptores específicos situados en determinadas neuronas. Se preguntaban: ¿cómo es posible que nuestro organismo disponga de receptores para unas sustancias que solo se encuentran en ciertas plantas? La solución vino al conocerse que esas moléculas, que solo pueden penetrar en nuestro organismo por inhalación (opio) o por inyección (morfina), se parecían estructuralmente a unas moléculas endógenas (propias de nuestro organismo) para las que están destinados esos receptores.

Las endorfinas y encefalinas son moléculas que fabrica nuestro organismo y cuya misión fundamental es controlar el dolor. Por eso, ante una emergencia, se liberan como uno de los componentes de la reacción de estrés. La naturaleza prevé que cualquier agresión puede superarse con un cierto daño para el individuo (heridas, fracturas). Estas lesiones causan dolor. De hecho, el dolor existe como un mecanismo que informa de que la cosa no va bien. Pero un dolor excesivo puede ser muy dañino para el individuo. Así que ese fino ajuste entre permitir un poco de dolor, como señal de que algo no va bien, y evitar que el dolor sea tan excesivo que nos cause la muerte es responsabilidad de las endorfinas. Los adictos a la heroína (derivada de la morfina) tienen inhibida la producción de sus propias endorfinas debido al exceso de la droga. Cuando se suprime la droga, uno de los componentes del llamado síndrome de dependencia es una sensibilidad dolorosa excesiva. Hasta el roce de la ropa les causa una molestia insoportable.

Hay otra hormona también asociada a la respuesta de estrés, muy importante en los animales y menos en el ser humano, que es la hormona MSH (melanocito estimulante). La MSH es responsable de la formación del pigmento melánico de la piel, actúa estimulando el crecimiento y la proliferación de los melanocitos. Estas células encierran en su interior los gránulos de melanina que son dispersados en las capas más profundas de la epidermis y que originan cambios en la pigmentación de la piel. En algunos animales, esta hormona puede cambiar la coloración de la piel con suficiente rapidez para favorecer su camuflaje, lo que les proporciona una gran ventaja para sobrevivir en una situación de emergencia: un calamar o un camaleón pueden modificar el color de la piel en cuestión de segundos.

Hay una hormona que ejerce un importante papel protector frente a las amenazas de estrés. Se trata de la dehidroepiandrosterona (DHEA). Esta es una hormona que, en los seres humanos, se segrega en la glándula suprarrenal en respuesta a una situación de estrés. Su misión es proteger al organismo frente a los efectos negativos del estrés. Numerosos estudios clínicos y experimentales así lo demuestran. Uno de estos estudios recientes se experimentó durante un curso que estaba recibiendo un equipo de fuerzas especiales submarinas. En él, tenían que superar todo tipo de pruebas arriesgadas, y se comprobó que los soldados con mayores niveles de DHEA en sangre obtuvieron mejores resultados en el examen final que los que tenían valores más bajos.

Para saber más

El «tres en uno» de la respuesta hormonal al estrés

La evolución ha conseguido que las tres hormonas esenciales del estrés, las que en cualquier animal son indispensables para sobrevivir a una agresión (cortisol, endorfinas y hormona melanocito estimulante), se secreten simultáneamente en las células de la hipófisis. La clave está en que cuando le llega a la hipófisis una señal de estrés procedente del hipotálamo sus células endocrinas secretan una gran proteína, que es una prohormona que se llama proopiomelanocortina y que luego se fragmenta en tres partes; una de ellas, la porción «opio», dará lugar a los opioides endógenos (endorfinas y encefalinas), la porción «melano» dará lugar a la MSH, melanocito estimulante y, el fragmento «cortina» dará lugar a la ACTH, corticotrofina, que luego en las glándulas suprarrenales estimulará la secreción de cortisol.

¿Cómo funciona el sistema nervioso?

El funcionamiento del sistema nervioso se basa en la existencia de unas células muy especializadas llamadas neuronas, que suelen habitar en el cerebro. Por una parte tienen unas prolongaciones, a modo de cabellos alborotados, que se llaman dendritas y que reciben conexiones de otras muchas neuronas y, por la otra, sale una prolongación larguísima, una especie de cable que puede medir varios metros en algunos animales, que se llama axón y que acaba sobre otra célula nerviosa, sobre una célula muscular o sobre una célula glandular productora de secreciones.

El sistema nervioso para lograr estas respuestas tan rápidas recurrió a la electricidad. Las neuronas, como cualquier otra célula, tienen en su interior mucho potasio y poco sodio, y en el exterior mucho sodio y poco potasio. Este gradiente crea una diferencia de potencial a ambos lados de las membranas de las células nerviosas de unos –90 mV (el interior de la célula es negativo con respecto al exterior).

Estas neuronas, cuando reciben un estímulo específico (un sonido, un aumento de la temperatura o un olor, o una señal de otra neurona), abren unos canales en su membrana y comienzan a inundarse de sodio que entra a favor de la baja concentración interior. Al entrar tanto sodio, cambia repentinamente la polaridad de la célula y, si el estímulo fue lo suficientemente potente, se genera una especie de corriente nerviosa (que se denomina potencial de acción o impulso nervioso) que viajará a gran velocidad por esa larga prolongación de la neurona llamada axón.

Imaginemos que ese axón acaba en una célula muscular. Cuando el potencial de acción llega al final del axón encuentra un ensanchamiento o terminación nerviosa llena de gránulos cargados de un mensajero específico llamado neurotransmisor. La llegada del potencial de acción hace que esos gránulos vacíen su contenido (acetilcolina) al exterior, estos viajan hasta llegar a la superficie de la célula muscular, que al captar estos mensajeros en sus receptores responde produciendo una contracción.

En las obras que se citan a continuación el lector puede encontrar abundante y pormenorizada documentación sobre los sistemas hormonales y neurales que se encargan de transmitir la información en el organismo en situaciones de estrés.

Guyton, A.C y Hall, J.E. *Fisiología médica*. Elsevier, Barcelona, 2006.

Sapolsky, R.M. *¿Por qué las cebras no tienen úlcera? La guía del estrés*. Alianza Editorial, Madrid, 2004.

El sistema de opioides endógenos juega un papel esencial en la integración de las respuestas de conducta y hormonales frente al estrés. Este estudio lo actualiza:

Bilkei-Gorzo, A. y cols. Control of hormonal stress reactivity by the endogenous opioid system. Psychoneuroendocrinology. 33: 425-436, 2008.

La hormona DHEA se libera durante el estrés como se muestra en este estudio realizado en paracaidistas. Su misión es modular el efecto del cortisol:

Oberbeck, R., Benschop, R.J., Jacobs, R., Hosch, W., Jetschmann, J.U., Schürmeyer, T.H., Schmidt, R.E., Schedlowski, M. Endocrine mechanisms of stress-induced DHEA-secretion. J Endocrinol Invest. 21: 148-153, 1998.

4

La importancia de la estabilidad

Una cena muy salada

Quizá recuerde aquella cena en la que uno de los platos estaba muy salado. Quizá comieron bacalao. No se les ha olvidado porque se pasaron toda la noche bebiendo agua. ¿Qué les ocurrió?

Nuestro organismo está diseñado por la evolución para que admita en sus líquidos internos solo una pequeña cantidad de sal, ya que los niveles de sal se mantienen constantes dentro de límites muy estrechos (a esto se le llama homeostasis de la sal). Cuando alteramos esta situación interna sobrecargando de sal nuestro organismo y su concentración en los líquidos internos aumenta por encima de un determinado nivel, se produce una situación de riesgo (peligro homeostático) y el organismo pone en marcha los mecanismos necesarios para solucionar ese grave problema (estrés homeostático).

En este caso en particular, unos receptores captan el exceso de sal que ha inundado nuestros líquidos internos, mandan la información a los centros nerviosos, y el organismo produce unas hormonas que activan el mecanismo de la sed, lo que nos obliga a beber para que entre mucha agua. Además, reducen la fabricación de orina para evitar que se pierda líquido. De esta forma aumenta la cantidad de agua dentro del organismo y se diluye el exceso de sal. Este peligro homeostático se ha solucionado con una mala noche, pero sin mayores consecuencias para nuestra salud.

Pero si somos de esas personas a las que les gustan los alimentos muy salados, de las que casi vacían el salero de mesa sobre cada plato, estaremos sobrecargando de sal de forma continuada nuestros líquidos internos (sobrecarga homeostática crónica). En este caso, nuestro organismo pone en marcha diversos mecanismos hormonales y nerviosos e involucra a varios órganos, en especial al riñón, para intentar corregir ese riesgo permanente (estrés homeostático crónico). A la larga, si reiteramos este hábito que castiga constantemente a nuestro organismo, la actuación continuada de los mediadores (hormonas, neurotransmisores) de la respuesta del estrés homeostático crónico puede ocasionar hipertensión. A esto se añade que, si no corregimos nuestra conducta y continúa la agresión homeostática, esta situación puede acarrear la muerte por problemas cardiovasculares.

¿Se imaginaba usted que cada vez que come algo muy salado desencadena en su organismo una respuesta de estrés? A través de mecanismos similares al que acabamos de relatar (por ejemplo, un atracón de dulces, un exceso de grasas y de alimentos ricos en colesterol, el abuso de alcohol y de otros tóxicos, etc.) se desarrollan muchas de las enfermedades que hoy nos afligen; son las consecuencias de esta forma de estrés tan frecuente en nuestra sociedad opulenta: el estrés homeostático. Vamos a intentar aclarar todos estos conceptos, pero para ello me van a permitir que demos un gran paso atrás de varios miles de millones de años.

La vida es orden

La vida es un fenómeno que se rige por unos mecanismos opuestos a los que la evolución y el destino del universo determinan. El universo, desde que ocurrió el gran estallido, el Big Bang, está evolucionando hacia el mayor grado de desorden, desorganización y disipación de la energía (los términos físicos son el aumento de la entropía o la entropía positiva). El universo no se planifica, no hay una información almacenada y capaz de transmitirse; solo impera el azar de los movimientos y las reacciones determinadas por las fuerzas fundamentales.

Sin embargo, la vida es todo lo contrario. La vida es orden, es decir, está constituida por estructuras ordenadas y complejas, y es organización, ya que esas estructuras cumplen funciones específicas y coordinadas. La vida también es información, que está contenida en los genes, y asimismo es capacidad de transmitirla mediante las diversas formas de reproducción. El orden, la organización y la información precisan que haya flujos de energía. Todo ser vivo capta energía del entorno (alimentación, respiración), la procesa mediante complejos sistemas bioquímicos (metabolismo), la utiliza (vida, reproducción) y elimina la energía sobrante en forma de calor y de deshechos. Esta energía liberada se suma a la disipación global de la energía del universo.

Por eso las funciones fundamentales de la vida son la nutrición, la reproducción y, la más importante de todas, la defensa frente a aquellas amenazas que pueden poner en peligro el orden del individuo, la vida misma. Nutrición, reproducción y defensa son los atributos esenciales de lo que llamamos vida.

El importante asunto de los gradientes

Imagínense que pretenden dar un paseo en bicicleta y se encuentran las ruedas desinfladas. Una rueda de bicicleta no es más que una goma que separa un espacio lleno de aire dentro de la rueda del resto del aire de la atmósfera terrestre. Tener las ruedas desinfladas significa que la presión del aire en su interior está equilibrada (es la misma) que en el exterior. Entonces, cogemos una bomba de inflar y con esfuerzo y gastando un montón de energía (nos cansamos) vamos introduciendo aire hasta que aumentamos la presión dentro de la rueda, muy por encima de la presión del aire en la atmósfera. Hemos suprimido el equilibrio que había antes y en su lugar se ha formado un gradiente (diferencia) de presión entre el interior de la rueda y el exterior. Hemos originado una situación más rica en energía (orden) que la que había con la rueda desinflada (caos).

La ventaja de los gradientes es que no solo crean orden, sino que también sirven para acumular energía. En nuestro ejemplo, una parte de la energía que hemos gastado en meter aire dentro de la rueda se almacena en forma de gradiente de presión del aire. La prueba es que si abrimos de repente la válvula, el aire sale con fuerza y la energía que libera es capaz de producir trabajo, por ejemplo mover un molinillo de papel que pongamos delante.

Las células primitivas resolvieron el problema de acumular entropía negativa, es decir, la energía que necesitaban para crear orden e información, estableciendo gradientes a través de la membrana que separaba el interior celular de todo el entorno exterior. Todas las células que hoy existen, tanto de vida independiente como las que forman parte de los seres pluricelulares, como nosotros, almacenan la energía y generan el orden mediante la creación de gradientes. La desaparición de estos gradientes es la muerte (la rueda muere cuando se desinfla).

Por ejemplo, todas las células tienen una mayor concentración de potasio en su interior con respecto al exterior (145 frente a 4,5 mEq/L en humanos) y una bajísima concentración de sodio en su interior con respecto al exterior (15 frente a 145 mEq/L en humanos). Y la importancia de estos gradientes se refleja en que, por ejemplo, los seres humanos gastamos más del 20 por ciento de toda la energía que obtenemos diariamente de los alimentos en mantener ese gradiente de sodio y potasio en nuestras células.

Cuando ingerimos una gran cantidad de sal (cloruro sódico) al comer un alimento muy salado, el exceso de sodio que penetra en nuestro organismo altera este gradiente, lo que en principio no es muy grave, ya que, como hemos visto, se ponen en marcha varios mecanismos para solucionar la alteración. Más grave es cuando, por ejemplo, introducimos en nuestro medio interno una gran cantidad de potasio. Entonces la alteración del gradiente puede ser tan grande que los mecanismos de control homeostáticos sean incapaces de resolver el conflicto y cause la muerte del individuo en cuestión de segundos. En algunos lugares, la pena de muerte se ejecutaba, precisamente, recurriendo a este mecanismo de alteración del gradiente sodio/potasio mediante la inyección intravenosa de una cantidad letal de cloruro de potasio. Vemos, pues, que esto de los gradientes es cosa seria y se comprende que nuestro organismo intente mantenerlos a toda costa con el fin de conservar la salud y la capacidad de reproducción.

Es decir, el orden de un ser vivo (la vida) se manifiesta en la composición asimétrica de los compartimentos de sus células, tejidos y órganos. Estos gradientes y estas asimetrías hay que mantenerlos mediante el empleo de grandes cantidades de energía (entropía negativa) que los seres vivos extraen del entorno (mediante la alimentación o la energía del sol); y además deben hacerlo en las más variadas circunstancias y en las condiciones más difíciles.

Medio interno y medio externo

En el ser humano, como en el resto de los seres vivos, existe una separación entre lo que es medio externo —todo el entorno que nos rodea, desde nuestra piel hasta los confines del universo— y el medio interno lo —que constituye nuestra intimidad, lo que determina qué es lo que somos—. Esta noción de medio interno fue formulada en 1865 por el fisiólogo francés Claude Bernard en su *Introducción al estudio de la medicina experimental*, donde estableció la constancia en la composición del medio interno como una condición esencial para la vida.

Esos dos mundos, interno y externo, están separados por unas barreras que restringen el intercambio de materia y de energía entre ambos: la piel, por fuera, y las mucosas (bronquial, intestinal), por dentro. Hay que tener en cuenta que todo el aire que llena nuestros bronquios y pulmones es medio externo, ya que está en contacto directo con el aire exterior, y las barreras que protegen nuestro medio interno a ese nivel son la mucosa bronquial y el epitelio alveolar. Todo el tubo intestinal es también medio externo, ya que está en contacto directo y permanente con el exterior a través de la boca y del ano. La barrera que separa el medio externo intestinal de nuestro medio interno es la mucosa intestinal que forma la pared de este largo tubo. Otra porción de medio externo que ocupa una parte del interior de nuestro cuerpo es, por ejemplo, todo el sistema de vías urinarias que lleva la orina desde el riñón hasta el exterior.

Para que todo funcione perfectamente en nuestras células y, por lo tanto, en nuestro organismo como un todo, cada uno de los compartimentos que conforman nuestro medio interno tiene que mantener constante su composición química y sus características físicas; de esta forma se mantienen los gradientes que deben existir entre los diferentes compartimentos que constituyen nuestro cuerpo, para que podamos conservar nuestra salud. Esta es la misión de la homeostasis.

Homeostasis y estrés homeostático

El concepto y el término de homeostasis (del griego *homos*, que significa «similar», y *estasis*, que significa «estabilidad») fueron creados por el fisiólogo Walter Cannon en 1928, el mismo que creó el concepto de estrés. Adviertan que ambos conceptos, estrés y homeostasis, nacieron juntos. Cannon creó el término de estrés al describir el conjunto de los procesos fisiológicos coordinados que se encargan de mantener la constancia de la composición del medio interno (homeostasis) en contra de los factores que tienden a desestabilizarlo.

Todo suceso que ocurre en nuestro entorno puede afectar a los parámetros de nuestro medio interno y desencadenar una situación de emergencia (estrés homeostático) para que el organismo pueda solventarla y sobrevivir. Si lo logra, y casi siempre lo hace, el organismo saldrá indemne del embate; pero si el estímulo es excesivo o reiterado en exceso, como cuando se abusa de manera continuada de la sal, el organismo puede sucumbir a la enfermedad o la muerte. Ya veremos que cada día sometemos a nuestro medio interno a sobrecargas que desencadenan respuestas de estrés homeostático (por ejemplo, abusar de sal, dulces, grasas o alcohol).

Organización de la respuesta del estrés homeostático

La homeostasis es una propiedad universal de los sistemas abiertos, es decir, de aquellos que establecen intercambios con un medio externo, ya sea una célula, una persona, una firma industrial o una nación. Y precisamente el mecanismo básico y universal de la homeostasis es un mecanismo de autoajuste que se denomina *feedback* negativo o retroalimentación.

Los mecanismos de retroalimentación se utilizan en ciencias tan alejadas entre ellas como la ingeniería o las ciencias sociales y también en la biología. En general, la retroalimentación es un proceso cuya señal se mueve dentro de un sistema, y ella misma vuelve al principio de este sistema como en un bucle. Este bucle se llama «bucle de retroalimentación o *feedback*». Hasta la cisterna de un inodoro funciona gracias a este mecanismo: al vaciarse, se abre la entrada de agua y permanece abierta hasta que el agua alcanza un cierto nivel. Es entonces cuando se activa un mecanismo que cierra la entrada de agua.

Otro ejemplo sencillo de sistema de retroalimentación negativo es el que controla la calefacción de una casa, y lo componen tres elementos fundamentales: un termómetro —que es el receptor que detecta la temperatura del aire—, un termostato —que es el centro de control en el que se ha fijado un cierto valor de temperatura adecuada— y una fuente de producción de calor. Cuando la temperatura excede a la que está programada en el termostato (estímulo o norma alterada), se produce la desconexión del sistema de producción de calor, lo que ocasiona un descenso de la temperatura (respuesta). Si por el contrario la temperatura desciende por debajo del valor fijado en el termostato (estímulo), se activa el sistema productor de calor que aumenta la temperatura (respuesta), lo que aminora el estímulo que desencadenó este nuevo bucle (el frío). Los mecanismos de retroalimentación permiten mantener constante, aunque con pequeñas oscilaciones, la temperatura de la casa en unos límites fijados previamente. De una forma muy parecida funcionan los sistemas de control homeostático de los parámetros del medio interno en el organismo humano. Vamos a ver algunos ejemplos concretos.

La homeostasis de la temperatura corporal

A diferencia de los sistemas artificiales, como el sistema de calefacción que hemos descrito, los sistemas vivos utilizan otros mecanismos para lograr su fin regulador. Es el resultado de la selección natural que, para no fallar, favorece la acumulación de varias soluciones eficaces. Veamos, por ejemplo, cómo se regula la homeostasis de la temperatura en el organismo humano.

La temperatura de nuestro medio interno está fijada en 37 °C, y este valor debe mantenerse sin apenas variaciones para que nuestros sistemas bioquímicos y fisiológicos, que constituyen la vida, funcionen bien. Un descenso de cuatro grados en la temperatura de nuestro medio interno (hipotermia) o un ascenso de cuatro grados en la temperatura de nuestro medio interno (hipertermia) son alteraciones graves de la homeostasis térmica que pueden ocasionar la muerte.

Imaginemos a un antecesor nuestro hace veinticinco mil años, en plena glaciación. De pronto el sol se oscurece con nubes de tormenta, nieva, hace viento frío y baja varios grados la temperatura ambiental. Los receptores de temperatura que se sitúan en la piel detectan esta bajada (estímulo o norma alterada) y a través de fibras nerviosas mandan impulsos nerviosos al hipotálamo, la zona del cerebro donde está el

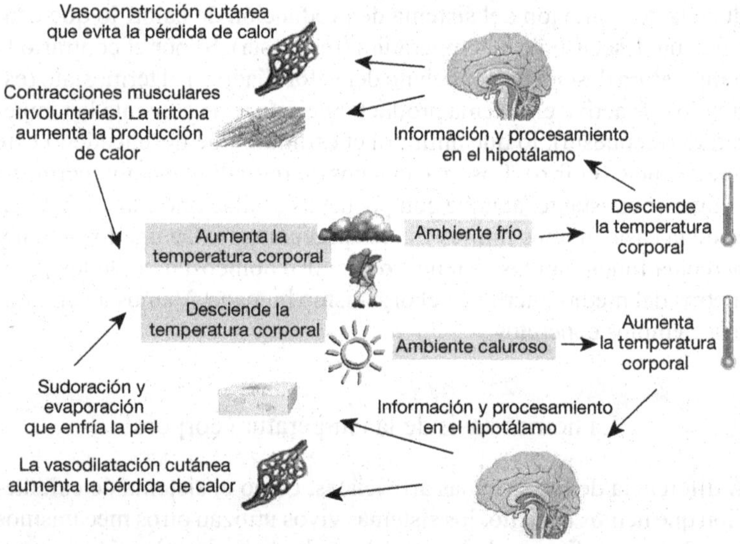

FIGURA. Esquema de funcionamiento de los bucles *feedback* de control homeostático de la temperatura corporal.

termostato que fija la temperatura corporal en 37 °C. Este centro de control detecta el peligro que supone esta situación que puede alterar la homeostasis de la temperatura del medio interno, y de inmediato da las órdenes oportunas para solucionar el problema (estrés homeostático). A través de nervios específicos, hace que se perciba la sensación de frío, lo que obliga a nuestro ancestro a taparse con la gruesa piel de oso que lleva y a buscar un refugio donde poder encender fuego. También se activa la parte del sistema nervioso que se encarga de casi todas las emergencias (el sistema simpático) y empieza a descargar impulsos nerviosos a través de determinados nervios. Unos llegan a los vasos sanguíneos de la piel, que se contraen para evitar que la sangre se enfríe al circular por la superficie corporal (cara de frío, manos y pies helados). Otros nervios simpáticos estimulan la contracción de unos músculos que hay en la base de cada pelo, que al contraerse reduce la superficie de la piel expuesta al frío (piel de gallina) y estimulan la contracción de determinados músculos para que se contraigan violentamente y generen calor (tiritona). Además, estimula el metabolismo del cuerpo para que se aumente la producción de calor, y el ritmo respiratorio se reduce para evitar la pérdida de calor con el aire espirado.

Todas estas respuestas (estrés homeostático) tienden a restaurar la norma alterada y a evitar que ese cambio térmico haga que la temperatura corporal descienda por debajo del nivel que debe regir en el medio interno. Cada vez que en la oficina ponen el aire acondicionado excesivamente frío, nuestro cuerpo sufre un estrés térmico que, si se reitera con mucha frecuencia, nos puede ocasionar problemas diversos, desde un simple dolor muscular por contractura, hasta un resfriado por disminución de las defensas.

Por el contrario, si nuestro ancestro, en otras circunstancias climatológicas, se ve sometido a un ambiente muy caluroso, los receptores de temperatura de la piel informan de esta circunstancia al hipotálamo mediante impulsos nerviosos. El termostato del cerebro advierte del peligro que supone que se altere la homeostasis térmica y pone en marcha los mecanismos necesarios (estrés homeostático). Mediante ciertas conexiones nerviosas se crea en la mente la sensación de calor, lo que fuerza al cazador paleolítico a despojarse de las pieles que cubren su cuerpo y a buscar una sombra donde refugiarse hasta la llegada de la noche. Además, en este caso, se inhibe el sistema nervioso simpático, se dilatan los vasos sanguíneos cutáneos para que circule más sangre por la piel y pueda refrigerarse: enrojece la piel y la cara. Los poros de la piel comienzan a segregar un líquido salado, el sudor, que la empapa y la enfría cuando, al evaporarse, le roba su calor. A la vez, se acelera la respiración para aumentar la pérdida de calor con el aire espirado. La inhibición del sistema nervioso simpático provoca que el organismo reduzca la producción de calor. Nuestro antecesor logra de esta forma superar la amenaza hipertérmica y mantener la homeostasis de su temperatura. Cuando disfrutamos de una sesión de sauna, exponemos a nuestro organismo a un estrés hipertérmico controlado. Vemos que en todas las saunas hay un cartelito con las indicaciones para disfrutar de esta sana actividad sin que el estrés térmico nos cause daño. La sauna puede llevar a la muerte cuando las consecuencias que desencadena el estrés hipertérmico son excesivas, bien por exceso de temperatura o por estar expuesto más tiempo del recomendado.

Niveles de control homeostático

La defensa de la homeostasis y, por supuesto, el estrés homeostático, puede actuar en varios niveles: molecular, celular, orgánico y poblacional.

Por ejemplo, a nivel molecular opera para limitar la cantidad de un determinado producto en una ruta metabólica. Es el caso, como veremos más adelante, de los mecanismos que utiliza el organismo para controlar los niveles de ácido úrico. Su descompensación origina una enfermedad llamada gota. Otro ejemplo interesante es la homeostasis de los valores de glucosa en el medio interno y su relación con la diabetes.

A nivel celular operan muchos mecanismos de interés, como por ejemplo el que sucede cuando nos hacemos una herida. Se ha producido un corte profundo. Se mueren numerosas células de la piel, incluso perdemos algunas células musculares. Hay que reparar la barrera que aísla nuestro medio interno. Entonces comienza un mecanismo de regeneración, las células se reproducen para reemplazar a las destruidas y este proceso continúa hasta que contactan las células que crecen desde un borde de la herida con las que lo hacen desde el otro. Y al entrar en contacto las nuevas células se generan unas señales que inhiben el crecimiento: la herida se cierra en una cicatriz. Las células cancerosas pierden este mecanismo homeostático y por eso crecen de forma anárquica generando los tumores o incluso invadiendo el organismo mediante las metástasis.

El nivel orgánico de la homeostasis es el que controla las alteraciones homeostáticas más complejas, como las variaciones en el contenido en agua y sal de nuestro medio interno, o la cantidad de grasa corporal. Para compensar, intervienen diversas estructuras corporales, hormonas y neurotransmisores.

Existe un cuarto nivel de homeostasis, la homeostasis poblacional, que se refiere a la constancia de las condiciones de vida (por ejemplo, número de individuos o capacidad de reproducción) de las poblaciones animales. Es típico que cuando hay abundancia de herbívoros por buen año de pastos, también prosperan los carnívoros que se alimentan de ellos y así controlan que el número de individuos se mantenga constante. Cuando en una especie determinada se produce superpoblación y hacinamiento se ponen en marcha mecanismos homeostáticos para inhibir la reproducción y así controlar el número óptimo de individuos. También operan homeostasis poblacionales en los seres humanos, no solo en las poblaciones primitivas, sino también en las sociedades desarrolladas. Un ejemplo es cómo proliferan enfermedades infecciosas, como la gripe, en las aglomeraciones poblacionales o cómo disminuye la producción de espermatozoides en los habitantes de zonas densamente pobladas.

Para saber más

El medio interno

El medio interno es complejo y se compone de varios compartimentos, cada uno de ellos separado de los otros por barreras especializadas y que mantienen una composición y propiedades características. El más importante de estos compartimentos es el medio intracelular, que está constituido por la suma de todos los billones de células que conforman nuestros órganos y tejidos. Este medio intracelular posee unas características comunes a todas las células (por ejemplo poco sodio y mucho potasio), pero algunas células de algunos tejidos poseen una composición peculiar adaptada a su función. Por ejemplo, las células de la grasa, el adipocito, son células capaces de llenarse de grasa en un 90 por ciento de su volumen; los glóbulos rojos de la sangre contienen mucha hemoglobina para poder transportar el oxígeno, etc.

Fuera de las células hay un líquido extracelular que a su vez se divide en compartimentos diferenciados con una composición y función particulares. Uno es el líquido intercelular, el que existe entre célula y célula, otro es el plasma o líquido de la sangre y otro es la linfa y también el líquido sinovial, el que lubrifica las articulaciones y el líquido cefalorraquídeo, que es el líquido intercelular que baña las células nerviosas.

Los siguientes textos y artículos pueden ampliar los conceptos de homeostasis, medio interno y sistemas de compartimentos al lector interesado en estos aspectos básicos de la fisiología.

Bernard, C. *Introducción al estudio de la medicina experimental*. El Ateneo, Buenos Aires, 1959.

Cannon, W.B. Organization for physiological homeostasis. Physiological reviews. 9: 399-431, 1929.

Unger, R.H. The milieu interieur and the islets of Langerhans. Diabetología. 20: 1-11,1981.

5

El estrés homeostático

El estrés homeostático se produce cuando existe una amenaza a la composición de nuestro medio interno y al mantenimiento de las asimetrías y de los gradientes que operan en los compartimentos que constituyen nuestra intimidad y que son esenciales para la vida. Vamos a considerar con un cierto detalle los mecanismos homeostáticos que se ponen en marcha para corregir algunas de las variaciones del medio interno que con más frecuencia afectan a los seres humanos; sobre todo a los que habitamos las sociedades desarrolladas y opulentas.

La homeostasis de la glucosa

La glucosa es uno de los nutrientes más importantes en nuestro organismo. Como ocurre con otros parámetros, la glucosa se distribuye de forma asimétrica entre los diferentes compartimentos de nuestro medio interno. Existe muy poca glucosa como tal dentro de las células y en el líquido intercelular, pero está muy concentrada en el medio extracelular, en el plasma sanguíneo, ya que es la vía de transporte y circulación del azúcar por todo el organismo. Esta asimetría (orden) debe mantenerse, a toda costa, para conservar nuestra salud.

La concentración de glucosa en la sangre es uno de los parámetros de nuestro medio interno que debe mantenerse dentro de unos márgenes muy estrechos. La causa es que si la glucemia desciende por debajo de unos límites (50 mg/dL) puede afectar al funcionamiento del cerebro, ya que es un tejido que consume exclusivamente este combustible. Cuando no desayunamos por la preocupación de llegar tarde al trabajo y estamos tan atareados que no podemos tomar ni un sorbo de café, puede que a media mañana nos sintamos algo mareados, como si nuestro cerebro estuviera embotado: estamos padeciendo alguna de las manifestaciones de un estrés homeostático hipoglucémico.

Si la glucemia aumenta por encima de 150 mg/dL, entonces suceden importantes modificaciones en la estructura y en la función de las proteínas, lo que es causa de enfermedad. La razón es que muchas de estas moléculas son glicoproteínas, es decir, llevan pegadas a su estructura una cierta cantidad de hidratos de carbono. Un exceso de glucosa extracelular conduciría a una excesiva glicosilación de estas proteínas y a que sus funciones se vieran gravemente alteradas.

El mantenimiento de la homeostasis de la glucosa en nuestros líquidos internos es tan importante que, a lo largo de la evolución, todos los animales han desarrollado potentes mecanismos para garantizar esta constancia de la glucemia a pesar de la discontinuidad del aporte del azúcar. Nuestros ancestros heredaron en su genoma los más eficaces mecanismos de control de la glucemia. Veamos un ejemplo.

Un cazador paleolítico lleva varios días persiguiendo a una presa y apenas ha calmado los ruidos de su estómago hambriento masticando unas raíces poco nutritivas. En esta situación de ayuno prolongado se reducen los niveles de glucemia en la sangre, ya que el cerebro consume este azúcar continuamente. Se está produciendo una amenaza a la homeostasis de la glucosa y el organismo activa sus mecanismos de defensa (estrés).

Para evitar que este descenso alcance niveles críticos, que pondrían en riesgo el funcionamiento cerebral, el hipotálamo toma el mando: le llega la información de este peligro y activa la secreción de dos hormonas, el glucagón y la adrenalina. Estas hormonas tienen como misión fundamental sacar glucosa de donde sea para que no desciendan más los niveles en sangre. Para ello, vacían los depósitos hepáticos de glucosa y estimulan la fabricación de glucosa a partir de las proteínas (esta es la razón de que en el ayuno prolongado y en las dietas incorrectas para adelgazar se pierdan proteínas). El glucagón, además, transforma grasas en cetonas, que es una especie de sucedáneo de la glucosa para que el cerebro pueda tener algo de combustible cuando falta el azúcar.

Con estas medidas, nuestro cazador va manteniendo sus niveles de glucosa en sangre hasta que en su vagar se topa con un bosque de higueras. La ingestión de los higos maduros, ricos en azúcares, inunda su organismo de glucosa. Con las fuerzas metabólicas repuestas y restablecida la homeostasis de la glucemia, el cazador consigue a su presa y regresa al asentamiento de su clan.

Informados sus familiares de la proximidad de un bosque cargado de higos maduros, deciden levantar su campamento e ir a instalarse en ese nuevo lugar. Durante varios días, sus cuerpos hambrientos comienzan a atracarse de estos frutos, muy ricos en glucosa y otros azúcares, y empiezan a entrar en su organismo elevadas cantidades de glucosa. Esto supone un riesgo para la homeostasis de la glucosa, ya que podría originar un exceso de la glucemia y afectar a la glicosilación de sus proteínas. El organismo, que percibe esta avalancha de azúcares como un peligro, pone en marcha unos mecanismos muy eficaces (estrés) para defenderse de esta amenaza homeostática hiperglucémica.

Cuando en el organismo comienza a entrar la glucosa en grandes cantidades, las células endocrinas que tenemos en el páncreas (células beta) lo captan y comienzan a segregar la hormona insulina, que circula por la sangre y llega a todas las células del organismo. En muchas de ellas la insulina estimula la entrada de glucosa a todas las células, y en las hepáticas y musculares, además, favorece que el azúcar se almacene en forma de glucógeno. Así se impide que la glucemia exceda los límites recomendables y se reponen las reservas del azúcar. Además, la insulina es capaz de estimular las rutas metabólicas necesarias para que nuestro organismo transforme todo exceso de glucosa en grasa, que se puede acumular sin problemas y en cantidades ilimitadas en el tejido adiposo. De esta manera, al cabo de unos días asentados en el higueral, todos los componentes del grupo habrían engordado.

Este es un mecanismo muy útil en las condiciones de vida paleolíticas, cuando predominaba la escasez sobre la abundancia, pero muy desafortunado en las condiciones de vida opulentas en las que hoy vivimos. Resulta que, como la capacidad de almacenar hidratos de carbono es muy limitada (se tienen que guardar mezclados con mucha agua), la evolución desarrolló un truco muy eficaz: convertir los hidratos de carbono en grasas que, al almacenarse sin agua, pueden constituir grandes depósitos de reserva de energía. Para el ser humano moderno, las consecuencias de esta gracia es que podemos engordar muchísimo solo a base de atracarnos de dulces. De hecho, la principal causa de obesidad en niños y en adultos es el exceso de dulces, no el de grasas. Y la combinación de ambos excesos, dulces y grasas, es una mezcla muy peligrosa para la salud, como veremos más adelante.

Mediante estos mecanismos, el organismo habría preservado la constancia del medio interno frente a la amenaza homeostática que suponía una entrada excesiva de glucosa a través de la alimentación. ¿Se imaginaba usted que un atracón de dulces desencadenara una respuesta de estrés?

La homeostasis del colesterol

El colesterol es una grasa, un lípido de gran complejidad estructural que ejerce importantes funciones en el organismo. Por ejemplo, todas las hormonas sexuales femeninas y masculinas, los corticoides como el cortisol, las sales biliares y otras moléculas importantes derivan del colesterol. El problema es que el colesterol no existe en el reino vegetal, así que todos los animales herbívoros y nuestros ancestros primates, que se alimentaban casi exclusivamente de frutas, hojas, tallos y raíces, entre otros vegetales, desarrollaron mecanismos muy eficaces para fabricar en su propio organismo el colesterol que no podían conseguir con los alimentos. Resultado de esta herencia evolutiva es la enorme capacidad que tiene nuestro hígado de fabricar colesterol a partir tanto de grasas, como de azúcares. Sí, no se asombren, con frecuencia la causa principal de su colesterol elevado son los dulces que se consumen en exceso todos los días. Dos pasteles producen en el organismo más colesterol que dos huevos fritos.

El colesterol también muestra una distribución asimétrica entre los compartimentos de nuestro medio interno y que hay que mantener para conservar la salud. Por ejemplo, el colesterol abunda en órganos como el hígado y el cerebro, y dentro de las células casi todo el colesterol se encuentra en sus membranas.

La cuestión se ve agravada por la insolubilidad del colesterol (que es una grasa) en el agua del organismo, por lo que requiere unos vehículos que lo transporten: las lipoproteínas. Hay dos lipoproteínas fundamentales. Las HDL son las que sacan el colesterol de las arterias y lo llevan al hígado para que allí se metabolice; por eso al colesterol que transportan estas proteínas se le llama «colesterol bueno». Las LDL son las lipoproteínas que, cuando se oxidan, meten el colesterol dentro de las arterias, por eso al colesterol que transportan estas lipoproteínas se le denomina «colesterol malo».

Pero los niveles de colesterol que circula en la sangre deben mantenerse dentro de unos límites estrechos (150 a 200 mg/dL). Si no se fabrica suficiente colesterol, o los alimentos aportan poco colesterol, se resiente la fabricación de hormonas y otras sustancias que derivan de este lípido y se altera la estructura de las membranas celulares, sobre todo de las neuronas, que contienen gran cantidad de colesterol. Las personas colesterolofóbicas, es decir, que han desarrollado una aversión patológica a los alimentos ricos en colesterol y se someten a dietas muy restrictivas, llegan a padecer una deficiencia tan grande en colesterol, sobre todo en las células cerebrales, que pueden desarrollar depresión y hasta llegar al suicidio.

Imaginemos que la tribu de nuestro antecesor paleolítico se queda unas semanas disfrutando de la abundancia de alimentos que le proporciona el extenso bosque de higueras. Su alimentación exclusiva de frutas, que no tienen colesterol, ocasiona un déficit de este lípido. Esto es detectado por los enzimas hepáticos encargados de la síntesis del colesterol. El principal es un enzima con un nombre tan raro que solo utilizaremos sus siglas: HMGS. Estos enzimas pueden fabricar colesterol a partir de la glucosa que penetra en el organismo cuando la tribu de ancestros come los higos maduros. Así se mantiene la homeostasis del colesterol y se fabrica el lípido en cantidad suficiente para soportar todas las necesidades del organismo.

Una vez agotadas las reservas de higos, nuestros ancestros inician su lento nomadeo en busca de otro lugar que les proporcione alimentos en abundancia. En su vagar se topan con unos acantilados repletos de nidos de aves. Ante esa perspectiva tan halagüeña, deciden aposentarse en el entorno y comienzan una dieta basada, casi en exclusiva, en los huevos que fácilmente roban de los nidos. Los huevos son alimentos muy ricos en colesterol.

Aunque no todo el colesterol del huevo se absorbe en el intestino, ante tal cantidad de huevos ingeridos, el organismo de nuestros antecesores comienza a llenarse de colesterol. Frente a esa avalancha que hace peligrar la homeostasis del colesterol, reacciona el enzima regulador de su síntesis hepática, el HMGS: se inhibe y el hígado fabrica más despacio el lípido, lo que evita la situación de riesgo hipercolesterolémico y previene que el exceso de colesterol acabe depositándose en las arterias. Insistimos, repare usted en que una comilona a base de paté de hígado y huevos desencadena un estrés hipercolesterolémico.

La homeostasis del ácido úrico

El ácido úrico es un producto que deriva del metabolismo de los ácidos nucleicos, que son los que constituyen el llamado material genético. El ácido úrico se elimina por la orina, de forma similar a como se eliminan otros productos nitrogenados, como la urea o el amoniaco. El nivel de ácido úrico en nuestro organismo debe mantenerse dentro de límites estrechos (unos 5 mg/dL en la sangre). No debe bajar demasiado de este margen, porque durante su formación se neutralizan gran cantidad de radicales libres de oxígeno; tiene, por tanto, un efecto antioxidante. Pero tampoco puede aumentar por encima de 7 mg/dL, ya que este exceso hace que el ácido úrico precipite en forma de uratos y se deposite en las articulaciones produciendo inflamación (artritis), dolor y deformidades de las articulaciones; es lo que denominamos la gota.

El ácido úrico que aparece en nuestro organismo tiene dos procedencias fundamentales: la degradación metabólica de nuestras propias nucleoproteínas y la degradación en el hígado de los restos de las nucleoproteínas que penetran en nuestro medio interno a través de los alimentos. Como en el caso del colesterol, el ajuste de la homeostasis del ácido úrico es responsabilidad de los enzimas que controlan este proceso.

El jefe del clan de antecesores prehistóricos al que vamos siguiendo sus avatares ha llegado a muy viejo, alcanzó la avanzada edad de cincuenta años. Su maltrecha dentadura solo le permite comer alimentos blandos. Los miembros del clan le reservan al jefe las mejores partes de los animales que cazan: el cerebro, el hígado, el resto de las vísceras. Estos alimentos son fáciles de masticar, pero tienen el problema de que son muy ricos en nucleoproteínas, así que cada vez que el jefe come estas *delicatessen* aumenta el ácido úrico en su medio interno y ello inhibe los enzimas encargados de degradar sus propias nucleoproteínas, lo que hace que se controle la homeostasis del ácido úrico y se resuelva el problema. Siempre que estos enzimas funcionen bien en el cuerpo del jefe de la tribu, este podrá alimentarse de vísceras sin que le aparezca la gota. De nuevo, recuerden: un atracón de mariscos, de callos o de riñones al jerez es causa de estrés homeostático, ya que supone una amenaza a la homeostasis de su ácido úrico.

TABLA. Valores metabólicos en sangre que pueden indicar que se está sufriendo un estrés homeostático.

Glucemia en ayunas (mg/dL)	más de 110
Glucemia dos horas tras comida (mg/dL)	más de 150
Hemoglobina A1c glicada (%)	más de 6
Colesterol total en ayunas (mg/dL)	más de 220
Colesterol de HDL (mg/dL) en mujeres	menos de 50
Colesterol en HDL (mg/dL) en hombres	menos de 40
Triglicéridos (mg/dL)	más de 150
Ácido úrico (mg/dL)	más de 6

La homeostasis hidrosalina

Uno de los parámetros que con más rigor se ajustan en nuestro medio interno es el contenido en agua. Nuestro cuerpo está formado por entre un 60 y un 70 por ciento de agua que se distribuye por todos los compartimentos celulares y extracelulares. Esa cantidad debe mantenerse constante en todas las circunstancias, ya que una disminución del agua del organismo conduce a la peligrosa deshidratación. Por el contrario, un exceso de agua puede ocasionar la intoxicación hídrica y los edemas (acumulación excesiva de agua en los tejidos).

La homeostasis del agua se controla fundamentalmente en los puntos de entrada y salida del líquido a nuestro medio interno: la boca, mediante el agua que bebemos (el mecanismo es la sed), y el sistema urinario, a través de la eliminación de agua en la orina (el mecanismo es la micción). Además hay otros procesos que también juegan un importante papel: el agua que se genera en el metabolismo celular (toda combustión siempre genera energía, CO_2 y agua), el agua que se pierde con las heces y con la respiración y la que se evapora con el sudor. Todo este complejo sistema está controlado por nuestro cerebro, a través de la poderosa sensación de la sed, y por numerosas hormonas entre las que destacan la aldosterona, la angiotensina II y la antidiurética (ADH).

El clan de nuestros ancestros se adentró en una zona desértica. Cuando advirtieron su error, era demasiado tarde para retornar y decidieron seguir adelante. Al cabo de un par de días sin beber, la amenaza homeostática que supone la falta de agua comenzó a tener sus consecuencias. El organismo puso en marcha de forma automática los mecanismos (estrés) para superar el problema. La falta de agua concentró la sal del medio interno y este peligro fue detectado por el hipotálamo, que activó la potente sensación de sed que nuestros ancestros no eran capaces de saciar. Esto provocó un aumento de la secreción de la hormona ADH, que al actuar sobre el riñón retiene agua y reduce el volumen de la orina.

Agua y sal siempre van unidas en los sistemas homeostáticos reguladores. Hay un parámetro de nuestro medio interno, la osmolaridad, que es el índice de la concentración de sal en el medio interno y que también debe mantenerse en límites muy estrechos para conservar nuestra salud (300 miliOsmoles /L). Los sedientos miembros del clan, que en su caminar por el desierto iban perdiendo agua por el sudor, seguían comiendo unos restos de carne en salazón que prepararon en su última cacería. De este modo, la poca agua que les quedaba en su medio interno se iba cargando de sales y aumentaba la osmolaridad.

El estrés hidrosalino estaba activado al máximo, y el organismo empleaba todos sus recursos para contrarrestar la grave alteración de la homeostasis que padecían.

Cuando ya los mecanismos homeostáticos estaban a punto de claudicar, el clan llegó a una zona boscosa de grandes árboles en torno a una laguna. Esto les permitió calmar su sed y reponer el contenido hídrico de su medio interno. Pronto esa agua inundó el medio interno y diluyó el exceso de sal. Al disminuir la osmolaridad, se apagó la señal de sed del cerebro, se redujo la secreción de hormonas, en especial la ADH, y el riñón volvió a fabricar una orina abundante y diluida. Se había superado la emergencia gracias a una adecuada respuesta de estrés homeostático hidrosalino.

Hay muchas personas, sobre todo mujeres adultas, que no beben diariamente la cantidad necesaria de agua o de bebidas que la contengan. Como la pérdida de agua es diaria (se pierde más si hace calor o se hace ejercicio), sin saberlo van acumulando día tras día una pérdida de agua de su medio interno. Estas personas no son conscientes de que viven en una situación de deshidratación crónica que desencadena un estado de estrés hídrico también crónico. Sus síntomas incluyen sensación de fatiga, dolores musculares y articulares, irritabilidad, etc. Con frecuencia estas personas están diagnosticadas (y tratadas) de numerosas enfermedades de sintomatología muy similar, cuando todos sus problemas se resolverían con una ingestión adecuada de líquidos.

La homeostasis de antioxidantes

Uno de los factores más importantes que determinan el proceso de envejecimiento es el fenómeno de la oxidación: todo lo que está sobre la superficie del planeta Tierra acaba oxidándose, ya sea una roca, las rejas de una ventana o cualquiera de nosotros. Uno de los acontecimientos que constituyen la base del mecanismo de envejecimiento es la oxidación de las moléculas, de las células y de los tejidos del organismo. No hay duda: envejecemos porque nos oxidamos.

Los agentes responsables de estas oxidaciones derivan del propio oxígeno al metabolizarse dentro del organismo, y se les llama radicales libres de oxígeno (RLO). Se los conoce popularmente como «radicales libres», a secas; no se trata de un partido político extremo, sino de agentes oxidantes de gran potencia que, una vez que se forman, recorren el organismo como balas y destruyen lo que encuentran a su paso. Gran parte del envejecimiento y de las enfermedades asociadas, como el cáncer o las demencias, se deben a un proceso de oxidación de moléculas tan importantes como los ácidos nucleicos (mutaciones y roturas de los genes), los lípidos (enranciamiento) o las proteínas.

No toda la producción endógena de radicales libres es negativa, ya que también ejercen importantes funciones. Intervienen en la transmisión de mensajes celulares, en la regulación del flujo sanguíneo y en la defensa inmunológica. Por ejemplo, ya vimos que los macrófagos son las células encargadas de fagocitar (tragarse) las bacterias y otros agentes patógenos que nos invaden. Al fagocitar el germen, lo meten dentro de una vacuola llena de líquidos que van a digerir al germen y donde se produce gran cantidad de radicales libres que, literalmente, «fríen» al invasor.

En condiciones normales, estos agentes oxidantes se producen de manera constante en nuestro organismo. Solo por el hecho de estar vivos, de metabolizar nutrientes, ya generamos radicales libres; pero hay circunstancias en las que se acelera su formación. Por ejemplo cuando nos exponemos a un aire contaminado, al humo del cigarrillo, a la radiactividad o al sol. La única forma de protegernos contra los temibles efectos de los radicales libres es aumentar las defensas antioxidantes.

Los antioxidantes abundan en los alimentos, y tienen la facultad de atrapar e inactivar a los radicales libres que circulan entre nuestras células. El problema es que los antioxidantes se gastan y hay que reponerlos. La ingestión diaria de varios de estos nutrientes antioxidantes nos proporciona una defensa adecuada contra los radicales libres de oxígeno.

Nuestro estado de salud exige un balance adecuado entre oxidantes y antioxidantes para mantener unos niveles homeostáticos que nos aseguren la salud y la longevidad que nos corresponde como especie. Cuando este equilibrio se altera, bien porque disminuyan nuestros niveles de antioxidantes (dieta incorrecta, como luego se explicará) o porque aumente la producción de radicales libres, se produce una si-

TABLA. Alimentos ricos en antioxidantes. Conviene combinarlos y rotarlos cada día para tener garantizada una eficaz protección antioxidante semanal.

Alimentos antioxidantes
Vitamina C: En frutas y verduras, frescas y crudas, como guayaba, kiwi, mango, piña, caqui, cítricos, melón, fresas, bayas, pimientos, tomate, coles, brócoli, coliflor, frutas y hortalizas en general.
Vitamina E (tocoferol): En germen de trigo, aceite de soja, germen de cereales o cereales de grano entero, aceite de oliva virgen, frutos secos y vegetales que se comen con semilla, como el tomate.
Carotenoides: Beta-caroteno y licopeno son pigmentos que abundan en los vegetales de color verde (acelgas, espinacas, brócoli) o coloración rojo-anaranjado-amarillento (zanahoria, calabaza, pimiento, tomate), y cierta frutas (albaricoques, cerezas, ciruelas, melón y melocotón).
Selenio: Mineral antioxidante. Abunda en carnes, pescados, marisco, cereales integrales y yemas de huevos.
Flavonoides y polifenoles: Principalmente en frutas y vegetales, aunque también predominan en el té (sobre todo té verde) y en el vino tinto o mosto tinto sin fermentar. Asimismo, se hallan en las semillas de la uva, en frutos y bayas de color morado como la granada y el arándano, en el cardo y en otros alimentos vegetales como la soja y el chocolate.

tuación de estrés homeostático que se denomina estrés oxidativo y que puede tener consecuencias muy graves para nuestra salud. Muchas personas viven en permanente estrés oxidativo. Por ejemplo, un fumador que, además, no consuma muchos alimentos vegetales.

La homeostasis del contenido en tóxicos

El medio interno solo admite en su interior aquellas moléculas que a través de los millones de años de evolución han integrado la bioquímica y la fisiología de los seres vivos, para proporcionarles vitalidad y capacidad de reproducción, las dos fuerzas primarias de la vida. Pero cada especie tiene unas peculiaridades que le son propias y beneficiosas y que, sin embargo, en el medio interno de otros organismos serían letales (por ejemplo, los venenos).

A lo largo de la evolución, el medio interno de los seres vivos ha estado expuesto a que aparecieran moléculas extrañas que podían ocasionar problemas e incluso la muerte. En el caso de los animales podían penetrar fundamentalmente mediante ingestión, inhalación o inoculación (mordisco, aguijón). La homeostasis exige un medio interno sin moléculas ajenas, así que, a lo largo de los millones de años de evolución, los seres vivos han desarrollado potentes sistemas para desembarazarse de aquellos agentes dañinos (tóxicos) que pudieran aparecer, por cualquier circunstancia, en el medio interno.

Casi todos los sistemas de desintoxicación de nuestro medio interno son sistemas enzimáticos que residen en el hígado y que, en la mayor parte de los casos, pueden salvarnos de una intoxicación fortuita y leve, pero que pueden claudicar y ocasionar la muerte si el tóxico llega a nuestro interior de forma excesiva o reiterada.

Regresemos a las andanzas del clan de nuestros ancestros que se aposentó en la ribera de aquella laguna para reponerse de la larga travesía del desierto. A un joven le atrajeron los vistosos colores de unas setas que crecían en el tronco de un grueso árbol. Comió de ellas y al poco tiempo se sintió muy enfermo, tuvo alucinaciones, temblores, fiebre y todo el clan temió por su vida. Pero su hígado joven puso en marcha el estrés homeostático y activó sus sistemas enzimáticos de desintoxicación. Dado que la dosis del tóxico no era excesiva, poco a poco, el hígado fue neutralizando esa sustancia extraña que había invadido su medio interno y recuperó la homeostasis.

Por lo tanto, hay que tener en cuenta que cada vez que penetra en nuestro organismo alguna sustancia extraña mediante ingestión, aspiración o inoculación, se desencadena un estrés homeostático tóxico. Cuando es reiterado a lo largo del tiempo, puede provocar problemas de salud e incluso la muerte (por ejemplo, la intoxicación crónica por la nicotina o por los hidrocarburos del humo de la combustión del cigarrillo). Además del tabaco, entre las agresiones tóxicas a nuestro medio interno, tenemos que considerar la contaminación ambiental en las ciudades y en los entornos fabriles, el exceso de etanol (bebidas alcohólicas), las diversas drogas, los aditivos y los contaminantes de los alimentos.

Homeostasis de agentes invasores

Nuestro medio interno está diseñado para no albergar ninguna otra forma de vida que nuestras propias células. Por eso, cuando en ocasiones penetra en nuestro medio interno algún agente extraño (molécula, virus, bacteria, hongo, parásito), supone una grave amenaza para la homeostasis del organismo y este tiene que responder con una reacción de estrés que denominamos el síndrome infeccioso. En estas circunstancias, el protagonismo de la defensa corre a cargo del sistema inmunológico que, mediante sus células especializadas y la fabricación de unas proteínas complejas capaces de neutralizar a los agentes extraños (inmunoglobulinas, anticuerpos), lucha para restaurar la normalidad homeostática en nuestro cuerpo. Es decir, cada vez que padecemos un resfriado, una gripe o un paludismo estamos viviendo una situación de estrés. Si el agente estresante es excesivo o nuestro organismo no es capaz de organizar una defensa eficaz (pacientes inmunodeprimidos), el resultado puede ser la muerte.

La homeostasis de células anormales

La mayor parte de las células que componen nuestro organismo (en mayor o menor medida) se reproducen continuamente y en ese delicado proceso se tiene que duplicar su material genético. La tarea es delicada y a veces se producen fallos; si son grandes, causan la muerte de la célula, pero si no lo son tanto, pueden dar lugar a una célula mutada, diferente al resto que la rodea. Esta célula mutada puede estar tranquila y acabar muriendo o empezar a dividirse sin orden y concierto y dar lugar a un cáncer.

Además del proceso de reproducción celular, muchas células sufren modificaciones por diversas circunstancias, como puede ser el efecto de tóxicos (cáncer de pulmón por el humo del tabaco), la agresión oxidante de los radicales libres de oxígeno (cáncer de piel por el exceso de sol), ataque de un virus (cáncer de útero por el virus del papiloma), etc.

Para evitar que las células anormales prosperen y alteren el medio interno, existe todo un sistema policial de vigilancia a cargo de varios tipos de células inmunológicas, como linfocitos y macrófagos, que patrullan continuamente nuestro medio interno. A través de determinadas señales que las células llevan en sus membranas (especie de documento de identidad), son capaces de detectar si la célula es normal. A las que consideran defectuosas las fagocitan (se las tragan literalmente) y las destruyen.

Las moléculas que sirven para detectar las células anormales son los antígenos de histocompatibilidad, los mismos que ocasionan el rechazo de un tejido trasplantado. Cuando a una persona se le introduce en su medio interno el riñón procedente de otro medio interno, el del donante, las células inmunológicas detectan que esas células advenedizas son extrañas e intentan destruirlas. Por eso, solo se trasplantan órganos de parientes cercanos o de personas que sean compatibles, para que estos estrictos agentes de seguridad los toleren. También pueden utilizarse fármacos llamados inmunosupresores que aplacan las reacciones defensivas del organismo frente al tejido trasplantado. Aunque en estos casos también se es más vulnerable a cualquier germen extraño que atacará a ese organismo bajo de defensas.

Para saber más

Una excelente puesta al día sobre la homeostasis del agua y la sal y sus alteraciones es el siguiente artículo:

Knoers, N.V.A.M. Hyperactive vasopressin receptors and disturbed water homeostasis. New England Journal Medicine. 352: 1847-1850, 2005.

Sobre la homeostasis del colesterol y su relación con la evolución de la especie humana:

Boyd Eaton, S. Evolution and cholesterol. World review nutrition diet. 100: 46-54, 2009.

El interesante asunto de la relación entre la fructosa y el ácido úrico y su importancia en la evolución de los primates y su relación con la patología de la hiperuricemia se puede profundizar en:

Pillinger, M.H., Rosenthal, P. y Abeles, A.M. Hyperuricemia and Gout. New Insights into Pathogenesis and Treatment. Bulletin of the NYU Hospital for Joint Diseases. 65: 215-221, 2007.

6

Prevención y tratamiento de las consecuencias del estrés homeostático

Estrategias generales de prevención

Hemos visto que el estrés homeostático es una respuesta defensiva que sucede cuando el organismo percibe a través de sus receptores externos o internos una amenaza a la constancia de su medio interno (homeostasis) y se desencadena de inmediato una reacción correctora o compensatoria (estrés homeostático).

Continuamente estamos sometidos a sobrecargas homeostáticas que, en la mayor parte de los casos, nuestro organismo resuelve sin dificultades: sentimos algo de frío si bajan las temperaturas, o calor si suben, orinamos en abundancia si abusamos de la bebida o sentimos sed si no bebemos lo suficiente o comemos cosas saladas. En la mayor parte de las ocasiones, todo se resuelve satisfactoriamente y las constantes del medio interno vuelven a la normalidad. Pero a veces la amenaza supera las posibilidades de compensación, lo que puede suceder por tres causas fundamentales.

1. El exceso agudo. Puede ocurrir que la sobrecarga homeostática sea de tal magnitud que los sistemas orgánicos no puedan compensarla. Es el caso de un náufrago en un bote en medio del mar y sin provisiones de agua dulce. La sed insoportable le obliga a beber agua del mar. La bebida continua de agua salada agota al cabo de pocos días la capacidad de respuesta del organismo a la sobrecarga salina y acaba muriendo del estrés hipersalino.

2. El exceso crónico. En ocasiones, la sobrecarga no es que sea excesiva, pero sí lo es su reiteración crónica y constante, como es el caso de aquellas personas que abusan del consumo de sal a todas horas y todos los días. Esto determina a la larga que la persistencia de los factores hormonales, puestos en marcha por el estrés homeostático salino, dañe las estructuras y los sistemas y aparezca una enfermedad (hipertensión).

3. La vulnerabilidad genética. La tercera causa viene determinada por la especial constitución genética del individuo afectado y la persistencia de mutaciones paleolíticas en su genoma. Aunque esto confería a sus ancestros ventajas de supervivencia, en las condiciones de vida moderna le causa enfermedad. Si alguno de esos genes controla la fabricación de alguna de las proteínas esenciales para superar una determinada sobrecarga homeostática, ese individuo será más vulnerable a la condición estresante.

Hay una circunstancia que hay que tener en cuenta respecto al estrés homeostático y sus consecuencias para la salud. El estrés homeostático y sus mecanismos de control son, en la mayor parte de los casos, mecanismos que funcionan de forma automática sin que intervenga nuestra voluntad ni nuestra consciencia, ni en detectar el problema, ni en resolverlo. Además, como no tenemos recuerdos de su actuación, no se ponen en marcha los mecanismos del recuerdo para prevenirlo. Si cada vez que comiéramos dulces y nos subiera la glucosa en sangre por encima de 150 mg/dL se produjeran unos molestos picores, no habría apenas diabéticos. Si cada vez que se elevaran nuestros niveles de colesterol en plasma por encima de 200 mg/dL sufriéramos calambres en brazos y piernas, apenas habría personas con problemas cardiovasculares. Estos ejemplos apoyan la idea de que la mayor parte de las alteraciones de nuestra homeostasis no son percibidas por el individuo, exceptuando unas pocas, por ejemplo, las variaciones en la temperatura corporal.

Ser lo más paleolíticos que podamos

¿Qué podemos hacer? Resulta muy difícil (y haría nuestra existencia muy desgraciada) estar previendo continuamente que cada acto de nuestra vida pueda producir una alteración de nuestro medio interno y desencadenar algún tipo de estrés homeostático. Una solución aceptable nos la proporciona la medicina darwiniana o evolucionista.

Gran parte de los cambios de las condiciones ambientales que fuerzan nuestro diseño evolutivo y que pueden alterar nuestro medio interno los produce el propio ser humano. Hay que tener en cuenta que la composición de nuestro medio interno ha evolucionado adaptándose a las condiciones en las que sucedió la evolución de la especie humana; es decir, nuestro medio interno es paleolítico. Por ello, una buena norma general, que puede reducir la exposición de nuestro organismo al estrés homeostático y evitar así el desarrollo de enfermedades, consiste en ser lo más natural (lo más paleolítico) que podamos en nuestro estilo de vida y en nuestra manera de alimentarnos. Esto puede parecer complicado, pero con tres normas básicas, sencillas de aplicar, podemos superar la mayor parte de las consecuencias negativas de las sobrecargas homeostáticas a las que nuestra forma de vida occidental y opulenta nos tiene abocados.

En primer lugar, debemos procurarnos una alimentación saludable, abundante en agua, rica en alimentos vegetales, y escasa en alimentos preparados y en dulces. La segunda norma es realizar ejercicio físico todos los días: caminar, trotar, nadar, hacer aeróbic o montar en bicicleta son los más adecuados entre muchos otros. La tercera es evitar introducir tóxicos en nuestro organismo: consumo de tabaco, abuso de alcohol, drogas y excesos de aditivos alimentarios o estar expuesto sin protección a condiciones físicas extremas (radiación solar, calor, frío, viento). Con estas medidas podemos garantizar que nuestro organismo no se va a ver sometido de forma reiterada y constante a sobrecargas homeostáticas.

Vamos a tratar con detalle aquellas enfermedades derivadas del estrés homeostático que son las más frecuentes en nuestra sociedad desarrollada y opulenta.

Diabetes

La diabetes afecta en la actualidad a más de doscientos millones de personas y su incidencia crece de tal forma que alarma a las autoridades sanitarias, que prevén que para 2025 habrá trescientos millones de diabéticos en el mundo. El mayor incremento de diabetes se está produciendo en países emergentes como India o China, en los que el estilo de vida de la población se está occidentalizando a gran velocidad.

La diabetes es un fracaso permanente de los mecanismos que controlan la homeostasis de la glucosa, de tal forma que esta aumenta en sangre por encima de 110 mg/dL en ayunas y supera los 150 mg/dL tras las comidas. La hiperglucemia ocasiona efectos tóxicos (glucotoxicidad) cuando persiste a lo largo de los meses y los años, y afecta preferentemente a los riñones (nefropatía), a los ojos (retinopatía), a los nervios (neuropatía) y a los vasos sanguíneos ocasionando enfermedades renales, ceguera, problemas neurológicos y cardiovasculares.

La causa de muchos de estos efectos es que el exceso de glucosa en el medio interno ocasiona que se peguen gran cantidad de azúcares (glicosilación) a las proteínas que controlan procesos fisiológicos. Este exceso de azúcares altera su función y contribuye a que aparezcan las complicaciones. Para saber si un diabético tiene un buen control de su diabetes, se mide la cantidad de glucosa unida a su hemoglobina (hemoglobina glicada o glicosilada).

¿Cómo se desencadena una diabetes?

Los seres humanos que habitamos en sociedades desarrolladas y opulentas abusamos de los alimentos ricos en glucosa: los consumimos en grandes cantidades y de forma reiterada. El exceso diario de dulces obliga a nuestro organismo a poner en marcha de forma continua los mecanismos de defensa y somete a nuestro medio interno a un estrés homeostático intenso y reiterado que conduce al fracaso de los sistemas reguladores y a que surjan problemas serios como la diabetes.

Nuestros sistemas reguladores homeostáticos están diseñados por la evolución para resolver el exceso de dulces. En el caso de nuestros ancestros, muy de vez en cuando el entorno imponía, por ejemplo, el consumo ocasional de frutas cargadas de glucosa o el atracón esporádico de miel cuando se topaban con una colmena y se jugaban el tipo para robarles a las abejas su manjar. El dulce es muy escaso en la naturaleza, por eso la inmensa mayoría de los alimentos dulces de los que hoy abusamos son artificiales. La glucosa solo es abundante en algunas frutas (uvas, higos, cerezas y plátanos maduros) y en la miel.

Pero en la actualidad este diseño evolutivo choca contra la forma de vida que llevamos los habitantes de las sociedades opulentas, en las que el consumo de alimentos cargados de azúcar es diario y lo ingerimos en grandes cantidades. Nuestros sistemas reguladores son capaces de amortiguar durante años el impacto de esta sobrecarga homeostática continua, pero a la larga los sistemas reguladores acaban por claudicar, se deterioran los sistemas de producción de insulina y su acción sobre las células, que son las responsables del control homeostático de la glucemia, y se desencadena la diabetes.

Las ventajas evolutivas de la resistencia a la insulina

Nuestros ancestros desarrollaron a lo largo de la evolución una peculiar condición metabólica que se denomina «resistencia a la insulina» y que albergamos en nuestro genoma casi un 40 por ciento de la población mundial y hasta el 80 por ciento en algunas comunidades, como los indios pima americanos o los nauruanos de la Polinesia.

La insulina regula el metabolismo de la glucosa. Es como una llave que actúa en determinadas cerraduras (receptores) que muchas células tienen en su superficie, abre unas compuertas (sistemas de transporte) que permiten la entrada de la glucosa al interior de dichas células y favorece que esas células puedan usar la glucosa para sus reacciones metabólicas o para acumularla en forma de glucógeno en el hígado y en los músculos.

Aunque muchas personas podamos haber heredado mutaciones genéticas que promueven resistencia a la insulina, no se trata de una cuestión del todo o nada: la capacidad de la insulina para regular el metabolismo de la glucosa varía mucho de unos individuos a otros. Es como la capacidad para detectar olores: unos individuos tienen una elevada sensibilidad olfativa y perciben olores extremadamente tenues; en el otro extremo están aquellos que son incapaces de diferenciar ni siquiera las cualidades olfativas más groseras, pues sus receptores olfativos son resistentes para detectar olores por muy intensos que sean.

En el caso de la insulina, el rango más bajo, es decir, la menor capacidad de la insulina para promover la asimilación metabólica de la glucosa («sordera a la insulina»), se define como una «resistencia» de los tejidos a la acción de la insulina; son los individuos resistentes a la insulina. Estas personas están más expuestas a desarrollar una diabetes si someten su organismo a una continua alteración de la homeostasis de la glucosa por abusar de los dulces cada día. Su resistencia a la insulina impide que sus células asimilen con rapidez esta sobrecarga constante del azúcar y se genera en ellos un estrés homeostático continuo. La persistencia de valores elevados de glucosa en su medio interno (glucotoxicidad) afecta a las proteínas y comienza a causar daño al organismo.

Hay otra consecuencia de la insulinorresistencia, que se suma a la hiperglucemia y que es importante considerar. Recordemos que el principal estímulo para la secreción de insulina por el páncreas es la cifra de glucosa en sangre: cuanta más glucosa haya en la sangre, más insulina se segrega. El páncreas interpreta que, si hay mucha glucosa, su obligación es secretar insulina para permitir que se asimile toda la glucosa acumulada en la sangre. Pero en el caso de la resistencia a la insulina, se establece un círculo vicioso: la insulina encuentra dificultad para unirse a sus receptores y no abre las puertas para que penetre la glucosa. Las células no pueden metabolizar la glucosa y el azúcar se queda en la sangre, lo que desencadena que se eleve su concentración. El páncreas detecta estas cifras elevadas de glucosa y secreta aún más insulina. El resultado inevitable de la resistencia a la insulina son unos niveles exagerados de insulina circulando en sangre: la hiperinsulinemia. Y es la responsable de muchas de las complicaciones de la diabetes, como la hipertensión o la aterosclerosis.

En el otro extremo están aquellos individuos cuyos genes les permiten poseer una elevada capacidad de insulina para estimular la entrada de glucosa en las células; sus tejidos tienen una «elevada sensibilidad» a la acción de la insulina; son los individuos insulinosensibles. Estas personas están, en cierta forma, protegidas contra el estrés homeostático por exceso de glucosa. Si comen dulces, su insulina puede introducirlos en las células a gran velocidad, promoviendo su eficaz uso metabólico.

TABLA. Valor del índice glucémico de algunos alimentos. Se debe evitar consumir de forma habitual aquellos alimentos de índice glucémico elevado. Tablas más completas pueden consultarse en internet.

Índice glucémico elevado		Índice glucémico bajo	
Maltosa (azúcar de cerveza)	100	Arroz integral	50
Glucosa	100	Pan de trigo	50
Pan blanco	95	Pastas (trigo duro)	45
Patatas de cualquier forma	95	Judías verdes frescas	40
Miel, mermelada, jalea	90	Avena	40
Copos de maíz	85	Pan de centeno, pan integral	40
Zanahorias (cocidas y puré)	85	Legumbres verdes (guisantes)	40
Azúcar refinada	75	Cereales integrales y derivados	35
Maíz y derivados	70	Lácteos	35
Remolacha	70	Frutas frescas	35
Arroz blanco	70	Legumbres cocidas	30
Pasteles, pastas	70	Soja	15
Plátanos, uvas, higos	60	Verduras frescas	15
Frutos pasos	60		

¿Qué hacer para prevenir el desarrollo de la diabetes?

Es evidente que, seamos o no resistentes a la insulina, una norma saludable es no abusar ni de los dulces ni de los llamados alimentos de elevado índice glucémico. Así se denominan aquellos alimentos que, tras su ingestión, provocan un ascenso agudo de la glucosa en sangre, lo que exige a la insulina un gran esfuerzo para restablecer la homeostasis de la glucosa. Estos alimentos peligrosos son: miel, zanahorias en puré, puré de patatas y patatas cocidas, arroz blanco y maíz en copos. Con precaución y solo de vez en cuando, se pueden consumir: pan blanco, sémolas de trigo, pasas, remolacha, plátanos maduros, uvas, azúcar refinado, maíz dulce, pasteles, turrones y demás dulces.

Además, tenemos que procurar por todos los medios mantenernos en el peso que nos corresponda, ajustando nuestra alimentación a nuestras necesidades. En el caso de que tengamos sobrepeso, debemos recurrir a un especialista para que nos ponga un plan equilibrado e hipocalórico que en un plazo razonable nos lleve al peso que nos corresponde. No se dejen engañar por métodos mágicos y remedios milagrosos. El organismo humano no admite una pérdida mantenida de peso superior a unos 50 gramos diarios. Y eso solo se consigue si metemos en nuestro organismo menos calorías que las que gastamos. Por esta razón, será el especialista quien les indicará un equilibrio energético correcto y, según sus circunstancias personales, les prescribirá el plan más adecuado para acrecentar su salud y evitar que aparezca o se desarrolle la diabetes.

Otra medida muy importante es practicar ejercicio físico de tipo aeróbico. Es decir, un ejercicio de baja intensidad y larga duración (al menos 45 minutos cada día). Por ejemplo, caminar a buen ritmo, pedalear en casa frente a la televisión, trotar por el parque o flotar en el agua con un ligero movimiento de manos y pies. Este tipo de ejercicios aportan dos ventajas fundamentales para ayudar a controlar los efectos indeseables del estrés homeostático hiperglucémico. Por una parte, fomentan el consumo de glucosa por el músculo, que durante el ejercicio puede captar glucosa por mecanismos en los que no interviene la insulina. Por otra, este ejercicio aeróbico es de las pocas cosas capaces de aumentar la sensibilidad de las células a la insulina, es decir, combate directamente la resistencia a la insulina. Para que este ejercicio sea eficaz, debe ser progresivo. De vez en cuando debemos aumentar algo más su duración o su intensidad, según nuestras posibilidades.

En la mayor parte de los casos, la diabetes puede controlarse al principio sin necesidad de recurrir a la medicación, solo con sencillas medidas dietéticas (comer poco y no comer dulces) y con ejercicio aeróbico diario. Cuando fallan estas medidas, habrá que completarlas con la medicación correspondiente; hoy disponemos de un completo arsenal de fármacos muy eficaces.

Para quienes la lectura de estas líneas suscite preocupación por si presentan resistencia a la insulina, hay dos maneras de saberlo. La más sencilla y eficaz es recurrir a los signos físicos. Toda persona con obesidad de tipo central, es decir, con la mayor cantidad del exceso de grasa acumulado en la barriga (perímetro de cintura mayor de 102 cm en hombres y de 88 cm en mujeres) y con alteración de la glucemia en sangre (más de 120 mg/dL en ayunas), debe considerarse resistente a la insulina. Un análisis genético específico verificará la presencia de algunos genes relacionados con la resistencia a la insulina. Este tipo de análisis ya se hacen en las clínicas especializadas en análisis genéticos. Y en cualquier laboratorio de análisis clínicos también puede realizarse una técnica analítica indirecta que se llama el test HOMA.

Hipercolesterolemia

La alteración de la homeostasis del colesterol conduce a un exceso de esta grasa en nuestro medio interno, en especial en la sangre (hipercolesterolemia). Este es otro de los problemas frecuentes en las sociedades desarrolladas y opulentas, y se relaciona con un estilo de vida cargado de situaciones estresantes y con una mala alimentación. La hipercolesterolemia es uno de los principales factores de riesgo cardiovascular: numerosos estudios clínicos han demostrado que una persona con cifras de colesterol en sangre de 250 mg/dL tiene el doble de probabilidades de padecer un infarto de miocardio que aquella que tiene menos de 200 mg/dL. Vemos que no es asunto para tomarlo a broma. La prevalencia de hipercolesterolemia es elevada en la población y oscila según los diferentes estudios entre el 20 y el 30 por ciento.

La alteración de la homeostasis del colesterol

Cuando se altera la homeostasis del colesterol, sus consecuencias generan un escenario parecido al descrito para la homeostasis de la glucosa. Vivimos en sociedades opulentas en las que se consumen a diario y en grandes cantidades alimentos ricos en colesterol, además de dulces y grasas poco saludables. El sistema de control homeostático del colesterol está diseñado por la evolución para soportar sobrecargas homeostáticas naturales y transitorias. Pero este diseño choca contra la forma de vida actual en las sociedades opulentas. Hoy, nuestro organismo, en especial el sistema enzimático hepático, se ve forzado al límite para poder asimilar toda esa enorme cantidad de colesterol que está entrando a su medio interno de forma continua. Al principio, los sistemas homeostáticos son capaces de paliar la situación de sobrecarga. Se inhibe el enzima que controla la producción interna y el hígado deja de fabricar colesterol. Pero, con el tiempo, este sistema acaba fallando y comienza a ser incapaz de asimilar la sobrecarga impuesta por nuestra forma de vida. Es entonces cuando las cifras de colesterol se disparan por encima de los 200 mg/dL. El colesterol comienza a pegarse a nuestras arterias y se acelera el proceso de aterosclerosis.

Aterosclerosis y mortalidad cardiovascular

Hoy día y en esta parte del mundo en la que vivimos, la principal causa de muerte son los problemas cardiovasculares como el infarto de miocardio o el ictus cerebral. Ambas son manifestaciones definitivas de un mismo problema: la aterosclerosis. Este endurecimiento (esclerosis) de las arterias se produce, en mayor o menor medida, en todas las personas. A lo largo de la vida se depositan lípidos, colesterol y células sobre la pared de las arterias, como lo hace la cal sobre las tuberías de una vivienda. Durante años, nuestra sangre puede circular sin problemas por estas arterias estrechadas. Y, de repente, un buen día algo sucede, actúa un factor desencadenante, por ejemplo un disgusto o un esfuerzo desacostumbrado, y ese pegote de grasa se rompe, comienza a coagularse la sangre y en cuestión de segundos se forma un trombo que tapona el vaso sanguíneo afectado. Si se trata de alguna arteria del corazón, ocurre un infarto de miocardio; si sucede en una arteria cerebral, sobreviene el ictus.

La aterosclerosis es uno de los mecanismos fundamentales en el proceso de envejecimiento, hasta el punto de que quien determina nuestra edad biológica es en gran parte «la edad» de nuestras arterias. El proceso no progresa por igual en todas las personas. Depende de muchos factores: la constitución genética, el exceso de ingesta de grasas y dulces, y los malos hábitos de vida, como el sedentarismo o el tabaco. Aunque aún no se conocen las causas íntimas de la aterosclerosis, todos los estudios la relacionan con los niveles de colesterol en sangre: a más colesterol, mayor velocidad de la aterosclerosis y más riesgos de padecer las graves complicaciones cardiovasculares que se producen.

Este desastre homeostático es más precoz e intenso en aquellas personas que portan defectos genéticos que hacen que los sistemas enzimáticos de control no funcionen con la eficacia que deberían y en aquellas que padecen otras alteraciones que influyen en el metabolismo del colesterol. Por eso, no todas las personas se ven afectadas de la misma forma por el estrés homeostático del colesterol. Pueden darse los extremos de aquellos que, coman lo que coman, mantienen una cifra impecable de colesterol, incluso si son obesos, y por otro lado aquellos que tienen hipercolesterolemia incluso bajo una dieta estricta de verduras.

La alteración de la homeostasis del colesterol puede deberse a numerosas causas. Conviene aclarar antes que nada que algunas personas albergan en su genoma algún defecto genético que afecta gravemente al metabolismo del colesterol. Estas personas tienen alterada la homeostasis del colesterol desde edades muy precoces, con hipercolesterolemias difíciles de controlar incluso con una medicación adecuada. Sin embargo, para la mayoría de las personas que tienen alterada la cifra de colesterol en sangre, además de padecer una cierta predisposición genética, la expresión de sus genes hipercolesterolémicos tiene que verse alterada por una serie de factores ambientales como: estilo de vida estresante o sedentario, alimentación incorrecta, consumo excesivo de tóxicos como alcohol y tabaco, y padecer algunas enfermedades como la obesidad (sobre todo central), el hipotiroidismo y algunas enfermedades hepáticas y renales.

La ingestión de colesterol no es la única responsable

En los últimos dos millones de años de evolución, los alimentos de origen animal han proporcionado a nuestros ancestros un alto porcentaje de las calorías diarias. Estos alimentos, sobre todo de animales terrestres, son ricos en colesterol. Por eso se estima que se ha consumido mucho colesterol durante los últimos cientos de miles de años de evolución de nuestra propia especie. Nuestros ancestros devoraban el animal al completo incluyendo las vísceras, el cerebro y el tuétano de los huesos (que tiene mucho colesterol).

Nuestros antepasados debían de tener un consumo elevado de colesterol que podemos estimar en más de 500 mg diarios. Sin embargo, seguro que no tenían cifras elevadas de colesterol en sangre. Los animales carnívoros suelen tener valores de colesterol en sangre de entre 120 y 170 mg/dL, y las tribus de cazadores recolectores que consumen una elevada proporción de carne y vísceras y viven en condiciones de

TABLA. Contenido en miligramos de colesterol por 100 g de alimento.

Sesos	2.000
Yema de huevo	1.500
Aceite de hígado de bacalao	650
Huevas de pescado	500
Huevo entero	400
Vísceras y patés	350
Mantequilla	230
Calamares	200
Mariscos	150
Quesos curados	100
Carnes y embutidos	70 a 90
Pescados	40 a 60
Leche entera	15

vida paleolíticas suelen tener entre 100 y 140 mg/dL de colesterol. Pero cualquier habitante de las sociedades desarrolladas y opulentas suele tener un colesterol por encima de 200 mg/dL.

Esto muestra que además del colesterol dietético existen otros factores que determinan las cifras de colesterol en sangre. Todos los estudios modernos muestran que, sin lugar a dudas, el colesterol dietético ejerce un efecto menor sobre los valores de colesterol plasmático: apenas un 2 por ciento de aumento o reducción, por cada 100 mg de aumento o disminución del colesterol en la dieta. La conclusión es que son otros componentes de nuestra dieta opulenta los que aumentan el colesterol sanguíneo.

Las otras grasas

La cantidad de grasa que se ingiere es otro factor que puede afectar a los valores de colesterolemia. Las comunidades de cazadores recolectores, que hoy día continúan viviendo en condiciones paleolíticas, no suelen ingerir grasa por encima del 35 por ciento del total de las calorías ingeridas. Este es el límite que las autoridades sanitarias recomiendan no superar a los habitantes de las zonas desarrolladas. Pero en lo que se refiere a la homeostasis del colesterol, no solo interesa la cantidad total de grasa que se ingiera, también es importante el tipo de grasa que se consuma.

Las grasas saturadas, las que abundan en los alimentos de origen animal terrestre (carne, vísceras, huevos, leche), aumentan mucho el colesterol. Pero aquí se da una paradoja: ¿cómo es posible que los cazadores recolectores que se alimentan sobre todo de carne y alimentos de origen animal no tengan el colesterol elevado?

La solución de esta paradoja es sencilla. Los animales salvajes (que constituyen la carne de caza que consumían nuestros ancestros y la que comen hoy las tribus de cazadores recolectores) tienen poco contenido en grasa, la justa para su supervivencia en un medio hostil. Sin embargo, los habitantes de los países desarrollados nos atracamos de una carne muy rica en grasa saturada, la carne de los animales de granja, que hemos seleccionado artificialmente para que críen mucha grasa y además, para cebarlos, los alimentamos de forma artificial con piensos.

Un ejemplo de las diferencias en la composición de grasa de un animal según las condiciones en las que viva nos lo proporciona la carne y la grasa del cerdo ibérico. Cuando este valioso animal se cría en condiciones naturales, pastando libremente en la dehesa, comiendo hierbas y bellotas, la proporción de grasas saturadas en su carne es mucho menor que la de un cerdo estabulado y alimentado con pienso. Cerdos ibéricos estudiados en la Universidad de Extremadura y que se alimentaban de forma natural en las dehesas extremeñas contenían más de un 70 por ciento de grasas insaturadas; de ellas, más de un 60 por ciento era ácido oleico (esos cerdos eran auténticos olivos con patas).

La tecnología alimentaria y la demanda del consumidor están inundando el mercado de unas grasas insaturadas artificiales, las grasas trans, y que se forman por la hidrogenación de las grasas vegetales que, mediante esta técnica, convierten los aceites líquidos en grasas sólidas. Son las grasas que más aumentan el colesterol en sangre. Se encuentran en margarinas, mantequillas, salsas y muchos productos empaquetados de aperitivos, y en menor proporción en la leche y la carne de los animales rumiantes, que los generan durante el normal proceso de digestión de los vegetales. Algunos productos nos advierten en la etiqueta del contenido en grasas trans, pero otros solo informan de que contienen grasas parcialmente hidrogenadas, que viene a ser lo mismo. Estas grasas trans son las más perjudiciales para nuestra salud, ya que no solo aumentan el colesterol total y el colesterol malo (en LDL), sino que son las únicas grasas capaces de reducir los niveles de colesterol bueno (en HDL).

En relación con el colesterol y las consecuencias negativas de que se altere su homeostasis, las grasas más saludables son las insaturadas. Todas ellas ejercen una influencia beneficiosa, en mayor o menor medida, en los niveles de colesterol total, reducen el colesterol malo en LDL y aumentan el colesterol bueno en HDL.

Nuestros antepasados cromañones debían de ingerir en abundancia las grasas más saludables, ya que consumían gran cantidad de peces y otros animales acuáticos (*the acuatic ape*; el mono acuático, se-

TABLA. Debemos programar nuestra alimentación para evitar en lo posible el consumo de grasas trans (parcialmente hidrogenadas) y consumir cantidades equivalentes de los otros tres tipos de grasas: saturadas, monoinsaturadas y poliinsaturadas.

Grasas buenas y grasas malas
Grasas trans: Son las peores grasas en la alimentación. No solo aumentan el colesterol malo, sino que son las únicas que bajan el bueno. Abundan en los productos en los que la grasa vegetal (líquida) se solidifica, como en las margarinas. Están presentes en numerosos alimentos procesados: galletas saladas, pasteles, galletas dulces, pastas, cereales, sopas y aliño para ensaladas. A menudo figuran etiquetadas como «aceite vegetal parcialmente hidrogenado».
Grasas saturadas: Aumentan el colesterol total y el colesterol malo. Se encuentran en los alimentos de origen animal: ternera, cerdo, cordero, mantequilla, nata, helado y otros productos lácteos enteros. Son aceptables en un consumo prudente.
Grasas monoinsaturadas: Baja el colesterol malo y contiene antioxidantes. Se encuentran sobre todo en las aceitunas, el aceite de oliva virgen y en los aguacates. Se recomienda un consumo diario moderado.
Grasas poliinsaturadas: Son líderes a la hora de reducir los niveles de colesterol, además de ejercer otros efectos beneficiosos. Conviene mantener un equilibrio en el consumo diario de los dos tipos:
Las grasas omega 3: Abundan en los pescados azules, en el hígado de pescados blancos como el bacalao, en los aceites de semillas oleoginosas como el aceite de lino, el aceite de canola y en frutos secos como las nueces.
Las grasas omega 6: Abundan en aceites de semilla como el maíz y el girasol, en las pepitas de uva, en la carne y en los huevos.

gún la autora Elaine Morgan), consumían carne de herbívoros salvajes que poseen mayor cantidad de grasa insaturada y, siempre que podían, consumían vegetales y frutos secos. Una buena actitud para controlar nuestro colesterol sería equiparar lo más posible el contenido en grasas de nuestra dieta actual a la de nuestros antepasados.

Los hidratos de carbono

El tipo y la cantidad de hidratos de carbono que consumimos es uno de los factores que más puede afectar a la homeostasis del colesterol. Y este es uno de los aspectos de la dieta actual de los países desarrollados y opulentos que más nos aleja de lo que consumían nuestros ancestros, es decir, de nuestro diseño evolutivo. Conviene recordar que nuestra dieta contiene, en mayor o menor proporción, dos tipos de hidratos de carbono: unos que no podemos digerir —es la llamada fibra vegetal— y otros que sí digerimos, como los almidones y los azúcares, que penetran en nuestro organismo en forma de glucosa y de fructosa.

Nuestros antepasados, como las sociedades que en la actualidad viven en condiciones de vida primitivas, ingerían mucha fibra en forma de frutas, frutos secos, bayas, verduras, hortalizas y cereales integrales. Estos alimentos vegetales les proporcionaban más del doble de la fibra que podemos ingerir en una dieta actual. Entre otras cosas porque las frutas y los vegetales silvestres contienen mucha más fibra que los cultivados, que han sido escogidos a lo largo de milenios para que sean más carnosos y contengan menos fibra. La fibra tipo soluble reduce tanto el colesterol total como el colesterol en LDL (el malo). Se calcula que cada gramo de fibra soluble en la dieta reduce el colesterol plasmático en un 1 por ciento.

De los carbohidratos asimilables debemos consumir aquellos que sean de asimilación lenta (bajo índice glucémico) y evitar aquellos que proporcionan grandes y rápidos aumentos de glucosa en sangre (elevado índice glucémico). Hay que recordar que, en el hígado, el enzima HMGR puede fabricar colesterol a partir de la glucosa.

Los seres humanos modernos y civilizados hemos reducido el consumo de alimentos vegetales a un tercio de los que consumían nuestros ancestros (y además no tiene el mismo valor nutricional una manzana salvaje que una cultivada). Y hemos incrementado el consumo de cereales refinados que son poco saludables. De esta forma se consigue una situación nutricional que nos aleja de nuestro diseño evolutivo: poca fibra y elevado consumo de azúcares rápidos. Esta alimentación agrava el estrés homeostático del colesterol: aumenta el colesterol total, reduce el colesterol bueno en HDL y eleva los triglicéridos.

Uno de estos remedios naturales cuyas propiedades ha confirmado recientemente la ciencia médica a través de rigurosos estudios poblacionales es el llamado arroz rojo, que se utiliza desde hace muchos siglos en China como alimento y medicina. Se obtiene por la fermentación del arroz con la levadura *Monascus purpureus*, lo que le proporciona el color rojo y sus propiedades nutricionales y medicinales. Desde el punto de vista nutricional, este arroz es semejante a cualquier arroz, pero lo que le confiere un interés especial es que durante el proceso de fermentación se produce una sustancia extraordinaria denominada monacolina. Esta sustancia es un inhibidor específico del enzima que sintetiza el colesterol en el hígado (el HMGR). Numerosos estudios, uno de ellos publicado en la mejor revista de nutrición del mundo, la *Revista Americana de Nutrición*, y otros más recientes han mostrado que el consumo de arroz rojo es capaz de reducir los niveles sanguíneos de colesterol total, del colesterol malo (LDL), de los triglicéridos y, al mismo tiempo, provoca el aumento del colesterol bueno en HDL.

Medicación

Para aquellos con una fuerte carga genética que provoca que tengan siempre el colesterol elevado hagan lo que hagan, o para quienes la consecuencia del estrés crónico hipercolesterolémico ya se haya manifestado como una enfermedad cardiovascular, además de las medidas dietéticas y la mejora del estilo de vida, deben recurrir a la medicación que les prescriba el especialista.

Hoy día existen medicamentos muy eficaces (las estatinas), que hacen que el hígado reduzca la fabricación de colesterol, y otros que inhiben su absorción intestinal, como los estanoles, que se pueden consumir en pastillas o en forma de yogur.

Hiperuricemia y gota

El estrés homeostático del ácido úrico desencadena, entre otras alteraciones, un padecimiento de las articulaciones que se denomina gota. Los niveles elevados de ácido úrico (más de 7 mg/dL) hacen que se supere el punto de solubilidad del ácido úrico en los líquidos biológicos y que precipiten cristales de urato sódico en los líquidos sinoviales de las articulaciones y en otras partes del organismo.

La gota es uno de los padecimientos más antiguos de la humanidad, siempre asociada al bienestar y a la opulencia. Las alteraciones de la homeostasis del ácido úrico han aumentado mucho en el último siglo y se relacionan con el resto de las enfermedades de la opulencia (obesidad, diabetes, hipertensión, enfermedad cardiovascular), pero con una especial característica que viene determinada por nuestra historia evolutiva.

El ácido úrico es cosa de primates

La mayor parte de los mamíferos suelen tener niveles de ácido úrico en sangre inferiores a 2 mg/dL, y sin embargo todos los primates los tienen más elevados. Los seres humanos que viven en condiciones de vida primitivas (se ha estudiado con detalle en los indios yanomami) suelen tener valores inferiores a 4 mg/dL. Los seres humanos que viven en las sociedades desarrolladas tienen valores entre 5 y 7 mg/dL de ácido úrico en su sangre. De ahí nuestra mayor propensión a desarrollar gota.

El estrés homeostático hiperuricémico

Numerosos estudios en poblaciones de Polinesia y de la selva amazónica demuestran que los seres humanos que viven en condiciones primitivas no padecen gota, pero cuando por cuestiones laborales emigran a la ciudad, al cabo de poco tiempo pueden desarrollar manifestaciones gotosas, que desaparecen si regresan a su pueblo y adoptan de nuevo las condiciones y el estilo de vida anterior.

Los principales factores que cronifican y agravan el estrés homeostático hiperuricémico son una dieta de elevada densidad calórica, la obesidad y la ingestión excesiva de alimentos ricos en purinas, que son los que pueden aumentar el ácido úrico en nuestro organismo. También hay que tener en cuenta los alimentos ricos en fructosa, sobre todo dulces y algunos edulcorantes, ya que, como veremos más adelante, la fructosa aumenta la producción de ácido úrico.

TABLA. Contenido en purinas (ácido úrico) de algunos alimentos.

Alimentos que aportan mucho ácido úrico
1. Las vísceras: riñones, hígado, sesos, callos y patés
2. Pescados azules: sardinas, arenques, anchoas, salmón y trucha
3. Todas las carnes (cordero, cerdo, ternera, buey, pavo, pollo), embutidos, jugos y extractos de carne
4. Resto de pescados y mariscos
5. Legumbres, espárragos, acelgas, espinacas, coliflor, setas y trufas
6. Los condimentos como pimienta, mostaza, ajo y comino
Alimentos que aportan poco ácido úrico
1. Leche y derivados lácteos
2. Huevo
3. Todas las frutas y verduras restantes
4. Cereales y patatas
5. Grasas y aceites

De los alimentos que aumentan el ácido úrico en sangre hay que destacar todas las carnes, vísceras y derivados, los pescados azules y mariscos, algunas verduras (legumbres, espárragos, acelgas y espinacas), el alcohol y los dulces que contengan fructosa. Hay una fuerte corriente de opinión experimental que reduce la importancia del ácido úrico de procedencia alimentaria y da más importancia al exceso de producción endógena; no obstante, es recomendable ser prudente en el consumo de los alimentos más peligrosos. Respecto al alcohol, un consumo moderado, sobre todo de vino (de dos a cuatro copas a la semana), parece que no tiene apenas influencia sobre los niveles de ácido úrico en sangre.

Además de las medidas dietéticas y la práctica regular de ejercicio físico, existe hoy día una medicación muy eficaz para aquellos casos en los que el estrés hiperuricémico ya se haya convertido en la enfermedad de la gota. En primer lugar, hay que utilizar antiinflamatorios para reducir el dolor intenso que ocasionan los episodios agudos de artritis uricémica. Para controlar los niveles de ácido úrico, hay medicinas que inhiben que el organismo lo produzca (alopurinol, febuxostat).

Homeostasis salina e hipertensión

La ingestión continua de un exceso de sal conduce, en aquellas personas genéticamente susceptibles, a una alteración constante de la homeostasis salina y a un estrés hipersalino crónico, que puede ocasionar una hipertensión arterial.

La sal (cloruro de sodio) no abunda en los alimentos naturales, excepto en los de origen marino. Es un nutriente inorgánico del que no podemos acumular reservas en nuestro organismo, pero del que tampoco podemos prescindir, ya que es el primer componente osmótico de los líquidos extracelulares de nuestro medio interno. Estas circunstancias ponen de manifiesto la importancia de la homeostasis de la sal y las numerosas hormonas (sistema renina angiotensina, aldosterona,

TABLA. Contenido en sal (cloruro sódico) de 100 g de algunos alimentos.

Caldo de cubitos	2.700
Pescados en conserva	4.000
Jamón	2.500
Aceitunas preparadas	2.400
Embutidos	de 700 a 1.200
Mantequilla y margarina	1.000
Algunos cereales del desayuno	900
Frutos secos salados	800
Pescados en conserva	de 400 a 1.100
Quesos curados	de 200 a 800
Verduras y legumbres en conserva	de 500 a 600
Pan blanco	de 400 a 600
Mariscos	de 150 a 600
Patatas fritas de bolsa	600
Palomitas de maíz	350

PNA y ADH, entre otras) y los diversos órganos (riñones, piel, aparato digestivo) que intervienen en la regulación de la homeostasis de la sal en nuestro medio interno.

El apetito por la sal

Numerosos estudios realizados en personas y diferentes tipos de animales de experimentación demuestran que una dieta pobre en sodio, si se mantiene durante el tiempo suficiente, hace disminuir la presión arterial.

Los alimentos de origen vegetal contienen muy poca sal. Esta es la razón de que la mayor parte de los herbívoros que viven salvajes tengan una gran capacidad (innata o aprendida) para encontrar y recordar lugares donde aprovisionarse de la sal que le falta en su alimentación: rocas de sal o lagunas saladas. Los ganaderos conocen bien esta deficiencia de sus animales y les proporcionan bloques industriales de sal que los herbívoros lamen con gusto. Los carnívoros no tienen esta dependencia, pues se alimentan de la carne de los herbívoros, que contiene más sal que la hierba que pastan.

Hace veinte millones de años, durante el Mioceno, nuestros primeros ancestros primates habitaban densas selvas tropicales, cálidas y húmedas donde se alimentaban fundamentalmente de frutas, tallos y brotes tiernos. Todos estos alimentos contienen muy poca sal. Además, en las selvas tropicales húmedas no es tan fácil encontrar depósitos de sal, como en las praderas o en las sabanas.

Así que la selección natural propició que los primates —que fueron nuestros antecesores— desarrollaran aquellas mutaciones genéticas que les conferían una gran capacidad para asimilar la poca sal que ingerían y también les proporcionaban numerosos mecanismos de ahorro para evitar su pérdida. A lo largo de millones de años se fue consolidando en nuestros ancestros un genotipo ahorrador de sal que permitía un fino ajuste de los niveles de sodio en su medio interno cuando se daban condiciones de una escasa ingestión de sal. Además, se evitaba que perdieran sodio si durante varios días se veían sometidos a una dieta hiposalina, solo a base de frutas, y favorecía la supervivencia en circunstancias fortuitas, como cuando padecían vómitos y diarreas. Así se evitaba la hipotensión resultante. Imaginen lo poco que hubiera durado un mono hipotenso en las selvas de hace veinte millones de años.

Este efecto de la cantidad de sodio en la dieta se ha estudiado, por ejemplo, en una colonia de chimpancés de Gabón. Durante noventa semanas se les proporcionó 15 g de sal al día. Ocho de los chimpancés desarrollaron hipertensión. A las veinte semanas de haber suprimido el exceso de sal, todos recuperaron sus valores normales de presión arterial. Es curioso que el ajuste del organismo de los primates a la dieta baja en sodio comience ya desde el nacimiento. La leche de los grandes monos, incluyendo a la especie humana, es la que menos sal contiene de todos los mamíferos. Por ejemplo, la leche de vaca es dos o tres veces más rica en sodio que la leche humana o de chimpancé.

A lo largo de los millones de años de evolución, nuestros ancestros han sobrevivido aprovisionándose de sal de forma natural y ahorrando sal gracias al genotipo ahorrador de sal heredado. Los individuos con mecanismos más eficaces de regulación del volumen de los líquidos internos y de su contenido en sal tendrían más probabilidades de supervivencia en los difíciles entornos en los que vivieron nuestros ancestros y transmitirían a sus descendientes esas ventajas.

El estrés hipersalino

Cuando este exceso afecta a un individuo que ha heredado alguno de los genes que constituyen el genotipo ahorrador de sal, se produce una alteración crónica de la homeostasis salina. Sus genes lo predisponen a retener sal y, si además la introduce en su organismo en exceso, esto desencadena el aumento de sodio en los líquidos del medio interno: un estrés homeostático hipersalino. En consecuencia, se ponen en marcha las defensas contra esa situación de estrés: se retiene agua para mantener la osmolaridad, lo que ocasiona un aumento del volumen de líquidos en el medio interno (espacio extracelular). Por una parte, esto aumenta el peso corporal, y por otra aumenta la presión arterial. Si la situación de estrés se cronifica, el exceso persistente de hormonas reguladoras (ADH, sistema renina angiotensina, aldosterona) conduce a la hipertensión arterial, que conlleva a su vez unos efectos nocivos renales y cardiovasculares.

Cómo prevenir el estrés hipersalino

Nuestros antepasados comenzaron a consumir sal en grandes cantidades cuando se aficionaron a utilizarla como aditivo alimentario y como medio de conservación de alimentos (salazones). Esto sucedió hace apenas unos diez mil años. En aquella época, la sal era tan valiosa que incluso se pagaba a los trabajadores con bolsitas de sal, de ahí el origen del término «salario».

Hoy día, el apetito por la sal es el resultado de circunstancias culturales y genéticas, y de hábitos familiares inculcados desde la infancia. Esto ocasiona que muchas personas consuman diariamente un exceso de sal; más de los 3,5 g diarios recomendados.

Desde pequeños, deberíamos acostumbrar a nuestros receptores gustativos a consumir las comidas con poca sal. Solo debemos echar sal a los alimentos durante la elaboración de la comida y nunca llevar el salero a la mesa. La ingestión diaria de sal debe ser inferior a 3,5 g diarios y puede aumentar algo en días de mucho calor, cuando la sudoración sea intensa.

¿Qué alimentos hay que evitar para consumir poca sal? Todos los del picoteo, como frutos secos, encurtidos y vinagretas, galletitas, productos enlatados (sardinas, atún), productos cárnicos ahumados, curados y en salazón, quesos, mantequilla, cereales del desayuno (excluidos los ricos en fibra) y las sales (de mesa, de ajo, de soja).

Estrés homeostático y cáncer

Bajo la denominación de cáncer se engloba un conjunto de enfermedades que se caracterizan por la proliferación incontrolada de un determinado grupo de células que son capaces de aprovisionarse de energía y modificar su metabolismo y que se pueden propagar por el organismo mediante las metástasis.

Ya vimos que de vez en cuando alguna célula de nuestro organismo sufre una mutación que la hace diferente y la independiza del resto de células del mismo órgano o tejido. El equilibrio homeostático de estas células extrañas se mantiene gracias a que intervienen otras células, las inmunológicas, que actúan como auténticos vigilantes y basureros, que detectan y eliminan las células que convierten en extrañas porque han mutado.

Pero determinadas circunstancias pueden aumentar la tasa de transformación errónea de las células: un exceso de radicales libres; las radiaciones, sobre todo la solar; algunos tóxicos; una alimentación rica en grasas saturadas y pobre en fibra; ciertas hormonas como los estrógenos u hormonas femeninas, que favorecen el cáncer de mama y de endometrio; y los andrógenos u hormonas masculinas, el de próstata, o la obesidad. En ocasiones, la mutación aleatoria producida en una célula determinada le confiere ventajas de crecimiento y proliferación (por ejemplo, que no pueda ser detectada por las células inmunovigilantes). En este caso, comienza una acelerada expansión de clones de estas células, que son hijas genéticamente idénticas, y comienza a crecer el tumor. Primero se localiza en el lugar donde comenzó y luego, al enviar células metastásicas, invade otras partes del organismo.

Los principales agentes que afectan a la homeostasis de células anormales son hormonales, nutricionales y ambientales, y actúan a través de mecanismos epigenéticos, es decir, afectan a la expresión de determinados genes que pueden favorecer el crecimiento de las células mutadas. Por eso, la principal medida de prevención del cáncer es evitar que actúen estos agentes, pues por mecanismos epigenéticos pueden «enfadar» a esos genes responsables de la transformación cancerosa de las células.

Respecto a los factores ambientales, debemos evitar el exceso de radiación solar, incluidos los rayos UVA de uso cosmético, la contaminación por humos y el humo del tabaco. Es interesante aclarar que el humo «frío» que aspira un fumador pasivo contiene más agentes cancerígenos que el humo que aspira el propio fumador; en este caso, al pasar el humo a través de la brasa del cigarrillo que aviva la chupada (a más de 300 °C), se queman gran parte de esas sustancias dañinas.

Tabla. Algunas medidas esenciales para poner las cosas difíciles al cáncer

1. No administrarse ningún preparado hormonal, en especial hormonas sexuales, sin supervisión del médico.
2. Protegerse de los rayos del sol, sobre todo si tenemos una piel clara.
3. Evitar la contaminación ambiental, el humo del tabaco y la ingestión de tóxicos. No abusar del alcohol.
4. Evitar el sobrepeso y la obesidad.
5. No abusar de grasas saturadas (leche, carnes, manteca, mantequilla) y grasas trans (margarina, aperitivos, patatas fritas).
6. No abusar de carnes rojas, ni de preparaciones a la barbacoa con partes del alimento chamuscadas.
7. Ingerir abundante fibra vegetal (cereales integrales, frutas, verduras, hortalizas y legumbres).
8. Consumir cada día alimentos ricos en antioxidantes (cítricos, aceite de oliva virgen, bayas y en general frutos de color morado).
9. Consumir abundantes grasas poliinsaturadas omega 3 (pescados azules, nueces, aceites de semillas).
10. Hacer algo de ejercicio físico cada día.

Son más fáciles de controlar los factores alimentarios que pueden ocasionar que alguna célula se desmadre, modifique los atributos heredados de la célula madre y dé origen a un tumor. Las principales medidas alimentarias para reducir el riesgo de desarrollar un cáncer son: mantener el peso correcto, ingerir más de 30 g de fibra al día a base de verduras, hortalizas, frutas y legumbres, tomar cada día alimentos ricos en antioxidantes (frutos secos, bayas, verduras, hortalizas y frutas), reducir el consumo de grasas saturadas y grasas trans y no abusar de carnes rojas.

Para saber más

Los problemas de ácido úrico en los seres humanos

Todos los animales degradan los componentes de su material genético (nucleótidos, purinas) hasta formar ácido úrico. Pero la mayoría de ellos oxidan el ácido úrico hasta una sustancia llamada alantoína por acción de un enzima llamada uricasa (urato oxidasa). Esta es la razón de que todos los animales tengan niveles de ácido úrico en sangre muy bajos. La alantoína se elimina por la orina.

Pero hace entre 10 y 22 millones de años (durante el Mioceno) se produjo una mutación que suprimió el enzima uricasa en algunos primates. Así, el ácido úrico no podía transformarse en alantoína y aumentaron sus niveles en sangre. Esto les confirió a los primates alguna ventaja de supervivencia y reproducción por lo cual la mutación fue potenciada por la selección natural y acabó apareciendo esta ausencia de uricasa en todos los primates, incluidos los seres humanos.

En el Mioceno el clima era cálido y húmedo, y gran parte del planeta estaba cubierto de espesas selvas donde prosperaron los primates. Estos seguían una dieta exclusivamente a base de vegetales, que es muy baja en sodio y que produce tensiones arteriales bajas. Esto no es grave en un herbívoro como una vaca o una oveja, que vive con su cabeza al mismo nivel o, casi siempre, más baja que su corazón; en ellos el riego sanguíneo del cerebro está garantizado. Pero esto es un problema en los primates a los que esa baja presión arterial les ocasionaba problemas en el riego cerebral en sus braceos por las ramas de los árboles y en sus, cada vez más frecuentes, periodos de bipedestación. En todas estas situaciones la cabeza se eleva por encima del corazón.

Por esto, uno de los factores que contribuyeron a la bipedestación fue la desaparición del enzima uricasa, que impedía la oxidación del ácido úrico, el cual aumentaba algo en sangre y producía elevaciones de la presión arterial, que favorecían la llegada de sangre al cerebro.

Esto no es una mera especulación darwiniana, ya que se ha verificado en numerosos estudios con animales de experimentación. Por ejemplo, en ratas a las que se les suprime el sodio de la dieta se les desencadena una hipotensión. Si entonces se les administra ácido oxónico, que inhibe el enzima uricasa de la rata y deja de convertir el ácido úrico en alantoína, aumentan sus niveles de ácido úrico y la presión arterial aumenta en las ratas. Si entonces, a esas ratas se les administra alopurinol, un fármaco muy usado para tratar la gota, ya que inhibe la producción endógena de ácido úrico, los niveles de ácido úrico descienden en las ratas privadas de sodio y vuelve a bajar la presión arterial. Es decir, la hipotensión producida por un déficit de sal puede compensarse por un aumento del ácido úrico. Más o menos, podemos asegurar que la razón de que los seres humanos seamos los animales con mayores cifras de ácido úrico en sangre se debe a la necesidad de favorecer el riego sanguíneo de nuestro cerebro.

El exceso de sal y la hipertensión

Numerosos estudios, entre ellos el estudio internacional sobre la sal y la presión arterial (INTERSALT), realizado en diez mil personas entre 20 y 60 años de edad, de 32 países, han demostrado una relación positiva, significativa y lineal entre la eliminación urinaria de sodio en 24 horas y la presión arterial. A mayor eliminación de sodio (que traduce un mayor consumo de sal) hay mayor presión arterial. Este estudio incluyó a numerosos individuos pertenecientes a grupos de población que viven en condiciones muy primitivas (por ejemplo los yanomamis de la Amazonia). Estos individuos tenían ingestas de sal muy bajas, inferiores a 3 g diarios y tenían muy bajas presiones arteriales tanto sistólicas (máximas) como diastólicas (mínimas).

Estos estudios determinaron que la OMS estableciera unas recomendaciones para el consumo de sal en la dieta, que no debe sobrepasar 3,5 g por persona y día. En España se produjo en 2005 un acuerdo entre el gobierno y la Confederación Española de productores de pan (CEOPAN) para reducir la cantidad de sal del pan (el alimento que más sodio aporta a la dieta) hasta 16 g de sal por kilo de pan.

No obstante, la sensibilidad individual a la sal varía mucho de unos individuos a otros. Unos son muy sensibles a pequeños aumentos de la ingestión de sal (individuos sal sensibles) y otros, parece que el consumo de sal no afecta a su presión arterial. Muchas de estas discrepancias se deben a las diferencias entre los distintos estudios. Las respuestas de estrés homeostático no son las mismas frente a una sobrecarga de sal aguda o de corta duración, que frente a un exceso crónico, de larga duración. En este último caso la persistencia de mediadores del estrés salino, como el aumento del tono simpático y la persistencia constante de niveles elevados en sangre de renina y de angiotensina II, es la responsable en parte de las consecuencias negativas del estrés hipersalino crónico. También intervienen las cuestiones de etnicidad, ya que no todos los grupos humanos tienen la misma predisposición a desarrollar hipertensión.

Dos estudios sobre la homeostasis salina y sus consecuencias para nuestra salud:

Lev Ran, A. y Porta, M. Salt and hypertension: a phylogenetic perspective. Diabetes and Metabolism Research ad Reviews. 21: 118-131, 2005.

Torres, S.J., Tures, A.,I. y Nowson, C.A. Does stress induce salt intake? British Journal Nutrition. 103: 1562-1568, 2010.

Algunos trabajos sobre diabetes y su relación con la resistencia a la insulina y el síndrome metabólico son:

Alberti, K.G. y Zimmet, P.Z. Definition, diagnosis and clasification of diabetes mellitus and its complications. Part 1: diagnosis and classification of diabetes mellitus provisional report of a WHO consultation, Diabetic Medicine. 15: 539-553, 1998.

Campillo, J.E., Tormo M.A., Torres M.D. El síndrome X, ¿un nuevo enfoque en la fisiopatología de la diabetes mellitus tipo II, no insulino dependiente?, Avances en Diabetología. 5: 175-186, 1992.

Moller, D.E. Insulin resistance. Mechanisms, syndromes and implications, New England Journal of Medicine. 325: 848-938, 1991.

Reaven, G.M. Banting Lecture 1988, Role of insulin resistance in human disease. Diabetes. 37: 1595-1607, 1988.

7

Las ventajas de vivir con un poco de inestabilidad

El estrés del despertar

Haga el siguiente experimento. Por la mañana, antes de levantarse de la cama, mídase la frecuencia cardiaca mediante las pulsaciones en la muñeca. Si dispone del aparato necesario, mídase la presión arterial. Tras incorporarse y deambular dos o tres minutos (vaya al baño), siéntese y repita las medidas. Observará que ha aumentado tanto su frecuencia cardiaca como su presión arterial, y así permanecerán, elevadas aunque con algunas oscilaciones, a lo largo de todo el día. En algunas personas, la presión arterial está elevada nada más despertarse por la mañana, y sin embargo va disminuyendo hasta la hora de acostarse, que es cuando más baja la tienen. Vemos que estos dos parámetros de nuestro medio interno (ritmo cardiaco y presión arterial) no se mantienen en límites fijos, estrictos (como exigiría la homeostasis), sino que pueden modificarse por una acción tan aparentemente simple como levantarnos de la cama. Es la alostasis.

Concepto de alostasis

La alostasis (del griego *allo*, que significa «otro» o «diferente» y *estasis* que significa «estabilidad») es un término creado en 1988 por Sterling y Eyer. Son el conjunto de mecanismos que permiten a cualquier ser vivo adaptarse beneficiosamente ante diversas circunstancias perturbadoras, estresantes o letales. Lo consiguen modificando los valores de algunos parámetros del medio interno.

Es como una homeostasis dinámica. No se trata de empecinarse en mantener la constancia fija de determinados parámetros, sino más bien en permitir una cierta flexibilidad adaptativa. Esto se debe a que algunos parámetros de nuestro medio interno no se pueden mantener fijos entre límites estrechos, pues sería peligroso para la supervivencia y para mantener la capacidad reproductora. Utilizando términos de la moderna tecnología, la alostasis es una especie de reajuste de los parámetros homeostáticos del medio interno.

Alostasis y evolución biológica

El mecanismo de la alostasis es esencial para que cualquier ser vivo sobreviva en condiciones naturales. Por eso, a lo largo de la evolución se han ido desarrollando ingeniosas respuestas alostáticas para resolver la adaptación de los animales a las condiciones que ponían en peligro su supervivencia o su capacidad reproductora, y frente a las cuales los mecanismos homeostáticos (la estabilidad a ultranza) no eran una solución adecuada. La alostasis proporciona beneficios adicionales para el individuo y para la especie. Algunos ejemplos pueden ayudar a comprender el concepto de alostasis y su importancia adaptativa.

El dulce anticongelante

Este es uno de los casos más sorprendentes de mecanismos alostáticos que existen en la naturaleza. La rana de la madera (Rana sylvatica) es una pequeña rana que habita en Alaska, Canadá y el norte de Estados Unidos. Todos los seres vivos de sangre fría deben pasar los inviernos en estado de hibernación, aletargados en un seguro y confortable escondrijo. Pero a la rana de la madera, que habita una de las zonas más frías del planeta, este mecanismo no le basta. Así que ha desarrollado un sistema muy eficaz y único. Cuando la temperatura comienza a bajar, la rana se entierra bajo una capa de ramitas y hojas secas y, sencillamente, se congela. Sí, en efecto, se convierte en un bloque de hielo, dentro del cual se puede observar a la rana con sus ojos abiertos e inmóviles.

Cuando el experimento se realiza metiendo una de estas ranas en un congelador (experimento que se muestra en un vídeo de Youtube) se observa que el animal permanece en el estado de animación suspendida, como si estuviera muerto; carece de pulso, no se aprecian movimientos respiratorios y no se detecta actividad cerebral. Cuando se saca a la rana del congelador y toma contacto con la temperatura del laboratorio (o, en condiciones naturales, los primeros rayos del sol de primavera calientan el suelo del bosque), comienza a fundirse el hielo que rodea a la rana hasta que el bloque se convierte en un charquito de agua. Entonces, misteriosamente, el corazón comienza a latir, se reanuda la actividad cerebral, la rana comienza a respirar y abre y cierra los ojos varias veces. Luego estira las patas para desperezarse de una inmovilidad de meses, se sienta en la postura de todas las ranas y al rato sale dando saltos, como si nada hubiera ocurrido.

¿Cómo logra la rana de madera conseguir esa proeza? Hoy conocemos el mecanismo gracias al estudio de numerosos investigadores y en especial el de K.B. Storey y J.M. Storey, dos bioquímicos interesados en el problema de la criopreservación de órganos para trasplantes. Es sabido que, a pesar de toda la tecnología médica, no podemos congelar y luego descongelar a la vida ni uno solo de los órganos humanos importantes y, por supuesto, menos a una persona completa, por mucho que se empeñen algunas empresas de criogenización. Por eso les interesó a estos bioquímicos descubrir el secreto de la rana, para ver si se podía aplicar en el desarrollo de una técnica que permitiera la congelación de órganos destinados a trasplantes.

En cuanto la temperatura desciende por debajo de un determinado valor, se produce una serie de cambios alostáticos complejos que trastocan la homeostasis de la rana. Uno de esos cambios tiene que ver con la glucosa. Ya dijimos que la constancia de la glucosa en los líquidos extracelulares es una misión fundamental de la homeostasis. Pero no en la rana de la madera. El frío hace que esta rana comience a secretar la hormona glucagón, que hace que se vacíen las reservas de glucosa del hígado hasta tal punto que las cifras de glucosa en sangre aumentan cien veces sobre su valor basal. Este exceso de glucosa inunda todos los líquidos internos de la rana y actúa como un anticongelante, ya que rebaja el punto de congelación del agua del medio interno de la rana e impide que, al congelarse, se formen grandes cristales de hielo con agujas pinchantes y aristas cortantes. De esta forma preserva la integridad de sus tejidos, lo que no sucede cuando se intenta congelar un órgano de cualquier otro animal.

Cuando lo salado es bueno

Otro caso extremo de alostasis, en el que se trastorna por completo la homeostasis, en este caso de la sal, es el del salmón. Estos peces nacen en los torrentes de agua pura y dulce (de muy poca mineralización) en la alta montaña. Desde allí, cuando son todavía jovencitos, comienzan un largo viaje que les lleva primero a los estuarios de los ríos y luego al mar. En ese entorno de los estuarios, donde se mezclan las aguas de baja salinidad de los ríos con las de elevada salinidad de los mares, comienza el proceso alostático que permite al salmón adaptarse a un entorno tan abundante en sales de sodio, de calcio y de potasio como es el agua del mar.

El mecanismo es complejo y aún no se conoce bien. Intervienen varias hormonas, como las tiroideas y las que regulan la homeostasis hidrosalina. Destaca la calcitonina, una hormona que el salmón produce en gran cantidad. Esta es la causa de que el salmón sea la principal fuente de esta hormona, con la que se elaboran los preparados farmacéuticos utilizados en el tratamiento de trastornos del calcio, como la osteoporosis. El proceso alostático es tan eficaz que el riñón de este animal pasa de ser un ahorrador de sales cuando es joven y vive en los ríos de montaña, a ser un eliminador de sales cuando vive en el mar.

Al cabo de unos años en el mar, los salmones emprenden el viaje de vuelta, lo que supone un nuevo cambio alostático para pasar desde el mar salado —donde han vivido varios años— a las aguas dulces de los ríos de montaña, donde se aparean: los machos eyaculan, las hembras desovan y ambos mueren. Vemos que este es otro ejemplo muy claro de cambios en los patrones homeostáticos de los seres vivos que les permiten adaptarse a nuevas condiciones que les confieren ventajas de supervivencia (durante gran parte de su vida) y de reproducción (al final).

Otras proezas alostáticas

El reino animal está lleno de adaptaciones alostáticas. Muchas de ellas tienen que ver con las dos funciones esenciales de cualquier ser vivo, como es la reproducción y la nutrición y las cuestiones energéticas involucradas. A veces ambas se entrecruzan, ya que están interrelacionadas.

Por ejemplo, numerosos pájaros que viven en latitudes frías pueden verse sorprendidos por unos días de intensas tormentas de nieve en plena primavera, cuando ya han comenzado los preparativos para aparearse, construir el nido y tener descendencia. En este caso, el estrés del frío produce un aumento de la hormona cortisol y altera los niveles de las hormonas sexuales, lo que inhibe los mecanismos de cortejo y apareamiento ya en marcha y los animales pueden así resguardarse y sobrevivir hasta que se restablezca el buen tiempo. Con estos mecanismos alostáticos se preserva la vida de los individuos y se garantiza la continuidad de la especie.

Numerosas especies ajustan sus niveles de hormonas sexuales y su capacidad reproductora a los ritmos estacionales de días largos o de días cortos con el fin de lograr el mayor éxito reproductor. Estos animales inhiben su actividad ovárica durante los meses no adecuados. Las ovejas, por ejemplo, en los climas templados activan sus ovarios durante el otoño, cuando se quedan preñadas. Esto permite que cinco meses después nazcan las crías al inicio de la primavera, cuando hay hierba abundante y más posibilidades para la supervivencia.

Respecto a la reproducción, hay que tener en cuenta que en todas las hembras (mujeres incluidas) se producen importantes cambios alostáticos durante los periodos de embarazo y lactancia para permitir esas funciones tan especializadas.

Otras numerosas adaptaciones alostáticas posibilitan por ejemplo la acumulación de grandes cantidades de energía en forma de grasa para que el animal pueda superar los desafíos necesarios para sobrevivir y procrear. Tal es el caso de numerosas aves que se enfrentan a largas migraciones, a veces de miles de kilómetros, durante las cuales apenas pueden alimentarse. Un caso bien conocido es la gran cantidad de grasa que acumula el oso para luego poder hibernar dentro de la osera durante los meses de invierno consumiendo la energía almacenada en estas reservas.

La alostasis en los seres humanos

Los seres humanos hemos desarrollado a lo largo de nuestra historia evolutiva mecanismos alostáticos que permitieron a nuestros ancestros superar los cambios ambientales y las amenazas que fueron encontrando a lo largo de su historia evolutiva. Muchos de esos cambios fueron beneficiosos en las condiciones y estilos de vida en los que se desarrollaron, pero hoy, en el entorno opulento en el que muchos vivimos, se vuelven en contra de nuestra salud.

Recordemos que los sistemas alostáticos contribuyen a mantener la vida y la capacidad reproductora de un individuo frente a una amenaza, no restaurando variables fisiológicas o de conducta dentro de un rango fijo (homeostasis), sino modificando este rango óptimo, al menos temporalmente. Estos mecanismos nos capacitan para responder y estabilizar nuestro organismo frente a una gran variedad de circunstancias como: despertar, dormir, estar tumbado, estar de pie, tener que salir corriendo, soportar el ruido o la muchedumbre, resistir el aislamiento y el hambre, aguantar temperaturas extremas, vivir a elevada altitud, combatir las infecciones. Cuando se produce alguna de esas situaciones (ascender a una altitud elevada o trotar persiguiendo a una presa, por ejemplo), se ponen en marcha los mecanismos nerviosos y hormonales necesarios (estrés alostático) para solventar el problema. Se trata de «resetear» nuestro medio interno para adaptarlo a las nuevas condiciones impuestas.

Hay una diferencia fundamental entre las respuestas (estrés) de los dos sistemas de control: alostático y homeostático. En la homeostasis, el ajuste de la variable es fijo en todas las circunstancias; por ejemplo, haga frío o calor, hay que mantener la temperatura a 37 °C. En la alostasis se cambia el valor de ajuste de la variable dependiendo de cómo haya que adaptarse a una determinada circunstancia: ante una infección, se establece el ajuste del termostato hipotalámico a valores más elevados, ya que la hipertermia (fiebre) lucha contra el germen invasor.

El estrés alostático puede convertirse en algo perjudicial y que puede ocasionarnos enfermedades cuando se dan dos condiciones (por separado o simultáneas): que la respuesta o el estímulo sean excesivos, o que se produzca con tanta reiteración que sobrepase la capacidad de nuestro organismo para afrontarlas. Veamos un ejemplo concreto de alostasis en los seres humanos y sus consecuencias: favorables y desfavorables.

La alostasis de la altitud

Para los seres humanos, ascender por encima de 4.000 metros de altitud supone un riesgo para la vida. La presión parcial de oxígeno es tan baja a esa cota que pone en peligro la homeostasis del oxígeno en nuestro organismo y el aporte de oxígeno a nuestras células, en especial a las neuronas cerebrales. Cuando esta situación persiste crónicamente, el organismo desarrolla mecanismos que compensan esta deficiencia de oxígeno y se adapta a ella; esta es la razón de que existan numerosas poblaciones humanas que habitan a tales altitudes, o que los alpinistas puedan subir al Everest sin necesidad de una bombona de oxígeno. Esto es posible si se someten antes a un largo periodo progresivo de adaptación a la altura.

Imaginemos que preparamos una excursión para subir a una montaña elevada; por ejemplo, el pico Mulhacén, en Sierra Nevada. Ya a partir de los 3.000 metros de altitud, la presión parcial de oxígeno en el aire se reduce un 25 por ciento respecto a la que existe a nivel del mar; por eso sentimos como si nos faltara el aire. Cada vez que respiramos, introducimos en los pulmones un aire más pobre en oxígeno de lo que estaba diseñado en nuestro medio interno. Esta alteración de la homeostasis del oxígeno ocasiona que la sangre transporte menos oxígeno y que las células comiencen a sentir su falta; este gas es imprescindible para mantener las oxidaciones que les proporciona la energía.

Entre todas las células de nuestro organismo, las más sensibles frente a una deficiencia de oxígeno son las neuronas. Podemos comenzar a sentirnos fatigados, a respirar más deprisa y con respiraciones más amplias, y es posible que comencemos a notar un molesto dolor de cabeza (edema cerebral).

En cuanto el organismo percibe que le entra menos oxígeno del que precisa, se ponen en marcha mecanismos para contrarrestar esa deficiencia (estrés alostático). En primer lugar, se vacían los depósitos de glóbulos rojos (sobre todo del bazo) para que sea más fácil transportar el oxígeno por la sangre (más cantidad de transportadores). El cerebro capta esa deficiencia de oxígeno y pone en marcha mecanismos de defensa a través de vías nerviosas (sistema nervioso simpático): aumenta el ritmo y la profundidad de las respiraciones para poder captar más oxígeno y acelera la velocidad de la circulación sanguínea, lo que hace que aumente el ritmo y la fuerza de contracción del corazón. Estos mecanismos producen una adaptación provisional a la falta de oxígeno y sirven solo cuando la exposición a la altura es breve, transitoria. Son los que nos permitirán subir a la cima de la montaña, permanecer en ella y disfrutar del premio del paisaje.

Cuando se persiste en la altitud elevada, el organismo pone en marcha nuevos mecanismos de adaptación (estrés alostático) para ajustar nuestro organismo a las nuevas condiciones ambientales y así favorecer la supervivencia y la reproducción en el nuevo ambiente.

Uno de los sistemas más eficaces es la producción de una hormona renal llamada eritropoyetina (la EPO famosa por el dopaje de algunos deportistas). Esta hormona la secreta el riñón cuando hay deficiencia de varios días en el aporte de oxígeno a los tejidos. La eritropoyetina estimula la formación de nuevos glóbulos rojos de tal forma que el parámetro homeostático de la cifra de glóbulos rojos en la sangre (entre 4,5 y 5 millones/mm^3) se reajusta («resetea») a un valor más elevado (más de 6 millones/mm^3). En estas condiciones pueden vivir aquellas personas que habitan permanentemente en lugares elevados (los Andes o el Tíbet).

Hace miles de años, algunos seres humanos ocuparon por primera vez la meseta tibetana, una vasta extensión de estepa a 4.200 metros sobre el nivel del mar. Debieron de soportar la baja presión de oxígeno a esa altitud, lo que debió de desencadenar al principio un mal de altura crónico, una elevada tasa de abortos y mucha mortalidad infantil. Hay una variante de un gen (el llamado factor inducible por hipoxia) en los tibetanos que es muy poco frecuente en otras poblaciones. Esta mutación modifica la producción de glóbulos rojos de la sangre y explica que los tibetanos estén adaptados a la dureza del entorno. Otra mutación que también favorece la adaptación a la altitud se ha detectado en poblaciones de los Andes. Durante el embarazo, las arterias uterinas de las mujeres que habitan el altiplano boliviano, a más de 3.500 metros sobre el nivel del mar, crecen más deprisa que en las mujeres que viven a nivel del mar. De esta forma se garantiza el aporte de suficiente oxígeno al feto, a pesar de la baja presión ambiental del gas.

El mal de altura

Cuando una persona se expone a una altitud elevada de repente como, por ejemplo, desembarcar de un avión en un aeropuerto a más de 4.000 metros, como sucede en La Paz (Bolivia), inmediatamente se ponen en marcha mecanismos alostáticos para permitir que el organismo supere ese desafío y que llegue el suficiente oxígeno a todos sus tejidos. El aparato respiratorio aumenta el ritmo de las respiraciones, que son más profundas, y llega a percibirse una cierta sensación de «hambre» de aire. Además, como las neuronas perciben que les llega menos oxígeno, intentan restablecer el suministro aumentando el aporte de sangre al cerebro. Para ello se produce una vasodilatación de los millones de arteriolas y de capilares cerebrales. Esto provoca un ligero edema y un aumento del volumen de la masa cerebral que, al estar encerrada en la rígida caja del cráneo, ocasiona en la mayor parte de las personas un molesto y persistente dolor de cabeza acompañado de náuseas, vómitos, insomnio y otras alteraciones. En este caso se está padeciendo una forma de estrés alostático que se denomina mal de altura agudo (puna o soroche, en la terminología andina).

En situaciones graves y en altitudes muy elevadas se puede producir la muerte por edema cerebral. Por ejemplo, si la deficiencia de oxígeno es excesiva o se establece en forma aguda (rotura de una ventanilla en un avión o ascenso rápido a una montaña elevada) o no funcionan los mecanismos de adaptación (el sujeto está anémico y tiene pocos glóbulos rojos), se produce un fallo en la adaptación, lo que puede ocasionar enfermedad o incluso la muerte.

El mejor tratamiento es la aclimatación progresiva a la altitud, que permite actuar con eficacia a los mecanismos alostáticos descritos. Cuando esto no es posible, se puede recurrir a diversas medidas a base de los llamados adaptógenos, denominación que engloba todas aquellas sustancias naturales o artificiales (fármacos) que facilitan que el sujeto se adapte a una situación de estrés. En este caso, el remedio tradicional entre los indígenas del altiplano andino es mascar hojas de coca, que en versión moderna se traduce en el ofrecimiento continuo de infusiones a base de hojas de coca en todos los establecimientos turísticos andinos. El remedio farmacológico más eficaz para la prevención y el tratamiento del mal de altura es un diurético llamado acetazolamida.

Para saber más

Dos publicaciones que ayudan a comprender el concepto de alostasis, son:

McEwen, B.S. y Wingfield, J.C. What is in a name? Integrating homeostasis, allostasis and stress. Hormones and Behavior Volume. 57, 105-111, 2010.

Sterling, P., Eyer, J. Allostasis: A new paradigm to explain arousal pathology. En: Fisher, S., Reason, J., (eds.), *Handbook of Life Stress, Cognition and Health*. John Wiley & Sons, 1988, pp 629-649.

Las bases bioquímicas de la adaptación al frío de la Rana sylvatica se describen en:

Storey, K.B. y Storey, J.M. Lifestyles of the cold and frozen. The Sciences. 39: 32-37, 1999.

Para profundizar en los mecanismos de la adaptación a la altitud elevada se sugiere la siguiente publicación:

Carmelo, C., y cols. Respuesta a la hipoxia. Un mecanismo sistémico basado en el control de la expresión génica. Medicina (Buenos Aires) 66: 155-164, 2006.

8

El estrés alostático

La alostasis energética

Ya hemos señalado que una de las funciones esenciales de cualquier ser vivo es la alimentación. Mediante este proceso adquiere energía del entorno y la convierte en energía propia que puede utilizarse para ejecutar todas las funciones que determinan la vida. Por eso, a lo largo de miles de años de evolución, los seres vivos han desarrollado mecanismos para aprovisionarse de energía y almacenar los excedentes como reserva de grasa para sobrevivir cuando hay escasez de alimentos y durante el tiempo necesario hasta que encuentran nuevas fuentes de aprovisionamiento. Estas adaptaciones a la abundancia y a la escasez de alimentos suceden mediante mecanismos alostáticos muy importantes en la especie humana.

Los seres humanos hemos pasado mucha hambre a lo largo de nuestra historia evolutiva. El genetista Oppenheimer proclama que «somos hijos del hambre». A lo largo de las diferentes etapas de nuestra evolución nunca hemos sido fuertes ni hemos corrido a gran velocidad, ni siquiera hemos tenido colmillos ni garras. Consideremos que las armas realmente eficaces, como las lanzas y las flechas, capaces de matar a distancia, son una adquisición muy reciente. Además, el escenario en el que ha transcurrido nuestra evolución en los últimos dos millones de años (el este de África) ya era una región bastante seca, una zona donde encontrar frutos y otros vegetales comestibles era difícil.

En estas condiciones de indefensión y falta de alimentos, nuestra especie se tuvo que ir adaptando a las condiciones ambientales para mantener la homeostasis energética que le permitiera sobrevivir y reproducirse. La solución fue desarrollar respuestas alostáticas. Pero estos mecanismos alostáticos, que fueron diseñados por la evolución para permitir la supervivencia bajo todas las condiciones ambientales que sufrieron nuestros ancestros, se vuelven en contra de nuestra salud cuando este diseño evolutivo se enfrenta a la opulencia y al estilo de vida de nuestra sociedad desarrollada. Algunas de las principales enfermedades que hoy nos afectan, como describiremos en el capítulo siguiente, tienen esta causa.

Mecanismos alostáticos del ayuno

Volvamos con el clan de antecesores paleolíticos a los que vamos siguiendo en los avatares que sufren en su vida cotidiana por la supervivencia y la reproducción. Imaginemos que una gran sequía asola desde hace meses la región en la que habitan. La escasez de alimentos es grave. Durante los primeros días de carencia se ponen en marcha una serie de mecanismos homeostáticos, que ya hemos visto, para intentar mantener constantes algunos parámetros esenciales en su medio interno.

Pero cuando la situación se prolonga demasiado y la homeostasis está en peligro, el organismo pone en marcha mecanismos alostáticos con los que superar esa grave situación. Su propósito es facultar al organismo para adaptarse a esas circunstancias ambientales desfavorables y lograr sobrevivir hasta que lleguen tiempos mejores. ¿Qué mecanismos intervienen?

En nuestro organismo, como en un automóvil, la falta de combustible enciende poderosas señales de emergencia. Durante los primeros días de hambruna, nuestros antecesores sobrevivían consumiendo las reservas de grasas acumuladas, lo que les hacía adelgazar. Para estimular al organismo a combatir la falta de alimento se activa un mecanismo muy eficaz. Cuando desciende la cantidad de grasa corporal se reduce la secreción en las células grasas de una hormona llamada lep-

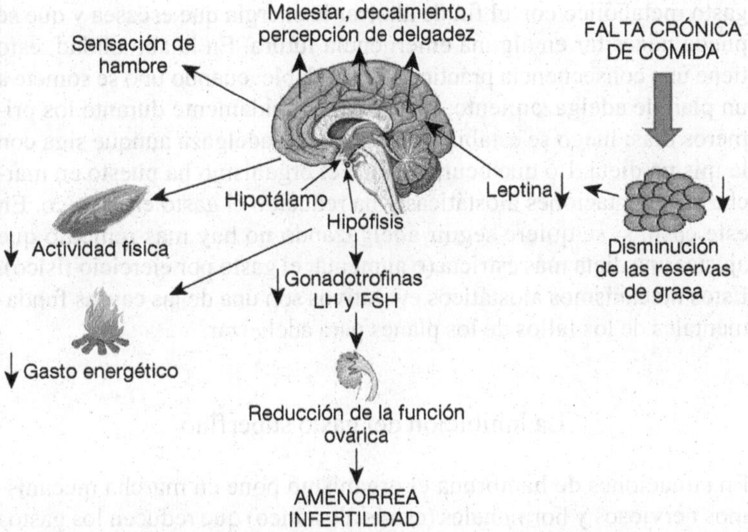

FIGURA. La adaptación a la falta de alimento depende sobre todo de la leptina. Esta hormona deja de producirse cuando disminuyen las reservas grasas, y es la señal que indica al cerebro que debe comenzar a preparar el organismo para resistir a esta situación de estrés.

tina (de *leptos*, «delgado» en griego). Esta hormona se encarga de coordinar los mecanismos de alostasis en el ayuno prolongado.

Cuando determinados núcleos cerebrales detectan que les llega menos leptina de lo habitual, interpretan que existe una falta de nutrientes y activan la situación de emergencia alostática y, en consecuencia, la respuesta de estrés correspondiente. Por una parte aparece la sensación de hambre: la imperiosa necesidad de comer lo que sea. Por otra parte se reduce la actividad motora, es decir, nuestros ancestros experimentaban menos ganas de moverse. También se desinhibe el sistema nervioso simpático, lo que desencadena hipotensión y que se reduzcan el ritmo cardiaco y la producción de energía del organismo. Todos estos mecanismos sirven para ahorrar combustible.

Es decir, nuestro organismo está diseñado por la evolución para que cuando se pierden de forma rápida las reservas de energía (la masa grasa), además de estimularse la sensación de hambre, se reduzca el gasto metabólico con el fin de ahorrar la energía que escasea y que se puede necesitar en alguna emergencia futura. En la actualidad, esto tiene una consecuencia práctica desagradable: cuando uno se somete a un plan de adelgazamiento, pierde peso rápidamente durante los primeros días; luego se estabiliza su peso y no adelgaza aunque siga con la misma dieta. Lo que ocurre es que el organismo ha puesto en marcha las adaptaciones alostáticas y ha reducido el gasto energético. En este caso, si se quiere seguir adelgazando no hay más remedio que ajustar una dieta más estricta (o aumentar el gasto por ejercicio físico). Estos mecanismos alostáticos evolutivos son una de las causas fundamentales de los fallos de los planes para adelgazar.

La inhibición del gasto superfluo

En situaciones de hambruna el organismo pone en marcha mecanismos nerviosos y hormonales (estrés alostático) que reducen los gastos más superfluos en relación con la supervivencia del individuo, que es la tarea esencial en ese momento. Uno de estos dispendios que hay que suprimir es la reproducción (la supervivencia del individuo es prioritaria), lo que sucede fundamentalmente en el organismo de la hembra de la especie.

Todas las hembras de mamíferos inhiben su fertilidad cuando se dan condiciones de hambruna. Eso lo saben bien los ganaderos, que ven cómo nacen menos terneros en épocas de sequía. También se observa esta adaptación alostática en la mujer: pierde la fertilidad cuando se da una gran pérdida de masa grasa. Por ejemplo, en algunas deportistas de élite se frena la ovulación y se crea una situación transitoria de infertilidad. Este «sexismo alostático» se debe a que la mujer (como cualquier hembra de cualquier especie) invierte mucho más tiempo y energía en la reproducción (embarazo, lactancia, cuidados infantiles) que el macho (un poco de esperma y algo de movimiento en el cortejo y en el apareamiento). La naturaleza ha diseñado ese mecanismo alostático para que la fertilidad en las hembras se reduzca en condiciones de penuria nutricional para evitar así el riesgo de una maternidad en condiciones tan desfavorables.

Ante las pocas perspectivas de que cambie la situación, el jefe del clan decide que deben emigrar para buscar otro asentamiento donde abunden los alimentos. Recogen sus escasas pertenencias, y los guerreros y exploradores consumen los pocos alimentos recolectados para poder conservar algo más de fuerzas y emprenden el camino. Durante esa larga emigración huyendo del hambre, los machos del clan tenían la responsabilidad de vigilar constantemente para defender al clan de los ataques de las fieras y para buscar comida mediante la caza.

En esas largas migraciones, las hembras del clan con crías a su cargo o embarazadas debían permanecer dentro del grupo cuidando de una prole tan dependiente y necesitada de atenciones constantes. En ellas, la ausencia de alimentos y el adelgazamiento por debajo de un cierto nivel les producía dos adaptaciones alostáticas particulares, que no se dan en los machos: por una parte superar la sensación de hambre, que se acompaña de una cierta sensación de bienestar, de placer incluso por su delgadez, por otra, activar la capacidad de realizar esfuerzos físicos en ausencia de alimentos. Estas adaptaciones las facultan para seguir el largo camino migratorio sin requerir apenas comida (ausencia de la sensación de hambre) y sin percibir su propia degradación física.

Dos estructuras cerebrales están implicadas en esta diferente respuesta de la hembra ante la falta crónica de alimentos: el *locus* cerúleo y el núcleo acumbens. Estos centros y otros núcleos cerebrales serían responsables de que en una mujer que alcance un bajo peso corporal se falsee la percepción de su propia degradación física, de su delgadez extrema. Por otra parte, ciertas agrupaciones de neuronas creaban en sus mentes una recompensa y una sensación placentera en el hecho de no satisfacer el hambre. Todos estos mecanismos ayudaban a nuestras antecesoras a sobrevivir en las largas migraciones, de semanas y meses, sin apenas probar el alimento.

Las tías solteronas: el altruismo necesario

Los seres humanos nos parecemos a las aves. Nuestras crías nacen muy inmaduras, requieren de largos cuidados hasta que son independientes y pueden alimentarse por sí mismas. Durante esta larga infancia precisan la cooperación de ambos progenitores y de los parientes cercanos (hipótesis de la abuela). Todos ellos han de proporcionar alimento a sus crías, que a veces acarrean desde largas distancias, y han de proporcionárselo de forma adecuada (por ejemplo, premasticados o predigeridos y regurgitados). Estos aspectos se analizan en mi libro *La cadera de Eva*, editorial Crítica.

Hace miles de años, cuando aún nuestros ancestros no habían desarrollado la tecnología para elaborar recipientes ni bolsas para transportar comida, los alimentos para las crías y para las hembras preñadas tenían que ser transportados con frecuencia dentro de los estómagos de algunas hembras que, al no tener crías a su cargo, acompañaban a los machos en sus partidas de caza. Posiblemente, esta misión la realizaran las llamadas «hembras colaboradoras» o *helpers at the nest*, que eran hembras que inhibían su fertilidad en beneficio de las hembras reproductoras. Acompañaban a los hombres en sus cacerías, devoraban una gran cantidad de alimento y lo almacenaban en su estómago a la vez que cargaban en sus hombros más comida. Esta capacidad de comer vorazmente gran cantidad de alimentos, para más tarde regurgitarlos al llegar a la gruta, puede haber sido una conducta de valor adaptativo y sometida a selección evolutiva.

Este mecanismo de supervivencia mediante la existencia de hembras estériles que colaboran a la alimentación del resto del grupo es muy frecuente entre los animales sociales. Sus ejemplos más claros son las obreras estériles de las colmenas de abejas o de los hormigueros.

Mecanismos alostáticos de la abundancia

Ya hemos visto que ante una situación de exceso de nutrientes, nuestro organismo procura poner en marcha mecanismos homeostáticos que mantengan dentro de unos límites los parámetros importantes de nuestro medio interno; por ejemplo, para que no aumente excesivamente la glucosa ante la abundancia de alimentos dulces, dispone de la potente hormona insulina. Pero, en ocasiones, la supervivencia del organismo y su capacidad reproductora necesitan algo más que un simple ajuste homeostático; necesitan adaptarse a una situación transitoria de abundancia poniendo en marcha mecanismos alostáticos. A lo largo de nuestra evolución, desde nuestros primeros ancestros primates, hemos ido acumulando un acervo de genes que nos permiten regestionar con mesura nuestra energía, favoreciendo la acumulación del exceso en forma de grasa y retardando el gasto en periodos de escasez: son los genes ahorradores (*thrifty genes*, según el genetista Neel, creador del concepto). El conjunto de todas las características metabólicas adquiridas a lo largo de nuestra evolución ha permitido que los seres humanos estemos entre los animales más grasos que existen.

Todo se convierte en grasa

Hace unos veinte millones de años, durante el Mioceno, las condiciones climáticas permitieron que los primates se expandieran por las numerosas selvas que cubrían gran parte del planeta a ambos lados de la línea del ecuador. Aquellas interminables selvas húmedas estaban pobladas por una vegetación exuberante, por plantas y árboles gigantescos cuajados de una interminable variedad de frutas que embriagaban el aire caliente y húmedo con miles de aromas.

Esta abundancia permanente posibilitó a los primates alimentarse casi exclusivamente a base de frutas, complementadas con hojas, tallos y brotes tiernos. El combustible fundamental que penetraba en el organismo de aquellos simios era la fructosa (azúcar de la fruta, de ahí su nombre). Solo unas pocas frutas son ricas en glucosa, como las uvas. La mayor parte de las frutas silvestres tienen un elevado contenido en fructosa. En estas condiciones, el metabolismo de estos primates se tuvo que organizar para que la fructosa, el principal hidrato de carbono que ingerían, y otros azúcares presentes en los alimentos vegetales pudieran cubrir casi todas sus necesidades y que se acumulara el exceso en forma de grasa. La consecuencia desafortunada de esta adaptación es que los habitantes de países opulentos nos atiborramos a diario de dulces cargados de fructosa y glucosa que nuestro organismo convierte en grasa. Esta es una de las causas principales del exceso de grasa que padecen muchas personas.

Nuestro organismo también almacena como grasa en el tejido adiposo gran parte de las grasas y de las proteínas que comemos. Nuestro diseño evolutivo permite que acumulemos en nuestro depósito adiposo cualquier nutriente que se coma en exceso: todo engorda.

Los genes ahorradores

Algunos millones de años después, cuando nuestros ancestros abandonaron el bosque (aunque sería más correcto decir que fue el bosque el que los abandonó) a causa de los cambios climáticos motivados por causas astronómicas y geológicas, se enfrentaron a una gran escasez de alimentos. No había fruta ni brotes tiernos y tuvieron que recurrir a consumir durante varios millones de años alimentos de origen animal (carroñas, pescados, moluscos, crustáceos) y vegetales con poco poder nutritivo, como raíces y tallos fibrosos y, en ocasiones, frutos secos. Nuestros ancestros no tuvieron acceso a los cereales o a las legumbres hasta que no se inventó el cocinado de los alimentos, ya en época muy reciente.

La supervivencia a estos millones de años de discontinuidad en el aporte de alimentos, de esos largos ciclos de abundancia y escasez, fue posible por la sucesiva incorporación de los genes ahorradores. Estos alelos genéticos modificaron las actividades de determinados enzimas, hormonas y transportadores de tal forma que permitían al organismo una acumulación rápida de reservas de grasa en épocas de abundancia de alimentos y un gasto lento de estas reservas en los periodos de necesidad. Con ello se conseguía que el individuo sobreviviera mientras buscaba comida y que la especie mantuviera la tasa de reproducción.

Algunas de las mutaciones genéticas que conforman el genotipo ahorrador favorecen el estado de resistencia a la insulina. Esta condición metabólica que confiere a algunas células una especie de sordera a la acción de la hormona insulina jugó un importante papel en nuestra evolución. En páginas anteriores ya hemos comentado en qué consiste. Solo hay que añadir que, entre todas las posibles funciones de la resistencia a la insulina y que justifican que esté presente en el geno-

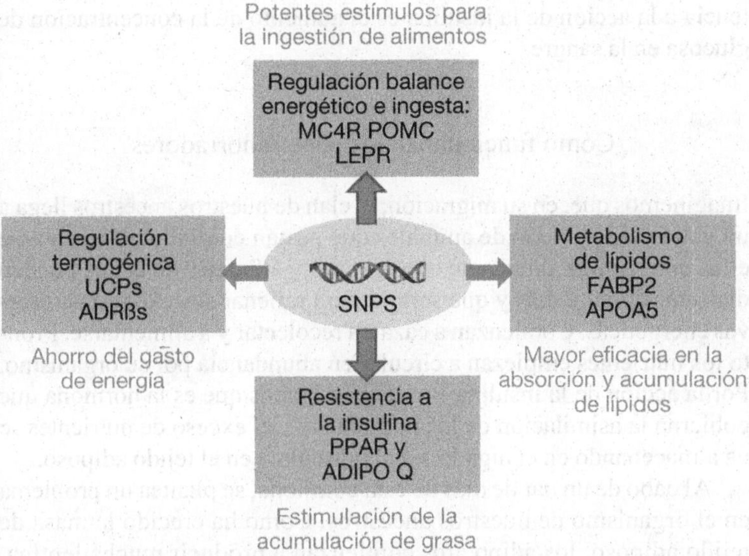

FIGURA. Principales genes ahorradores con las modificaciones que imponen al metabolismo (tomada de *El mono obeso*. Editorial Crítica).

ma de tantas personas, hay una que sorprende: la resistencia a la insulina favoreció que nuestros ancestros se adaptaran al frío en los últimos periodos de glaciación.

Durante decenas de miles de años, nuestros antepasados, quienes habitaban en Europa y norte de Asia, tuvieron que soportar largos periodos glaciares con temperaturas gélidas que reinaban durante largos meses de frío, viento y oscuridad. Uno de los mecanismos que existen en la naturaleza y que presentan varias especies para evitar la congelación en caso de frío intenso es aumentar la concentración de glucosa en los líquidos del medio interno. El azúcar actúa como anticongelante (como vimos en la rana de la madera). Por eso, una condición que permitiera un aumento transitorio de la concentración de glucosa en los líquidos biológicos (alostasis) favorecería la resistencia a esos fríos extremos al evitar, por ejemplo, que se congelaran las partes más expuestas, como manos y pies. Y una de las consecuencias de la resistencia a la acción de la insulina es el aumento de la concentración de glucosa en la sangre.

¿Cómo funcionaban los genes ahorradores?

Imaginemos que, en su migración, el clan de nuestros ancestros llega a un valle verde y lleno de animales que pastan confiados. Tienen ante ellos una comida abundante en vegetales y animales de la que pueden disfrutar durante días y que servirá para rellenar sus exhaustas reservas energéticas. Comienzan a cazar, a recolectar y a alimentarse. Pronto los nutrientes empiezan a circular en abundancia por su organismo. Por la acción de la insulina —que ya sabemos que es la hormona que gobierna la asimilación de los nutrientes—, el exceso de nutrientes se va almacenando en el hígado, en el músculo y en el tejido adiposo.

Al cabo de un par de días de esta comilona, se plantea un problema en el organismo de nuestros ancestros. Como ha crecido la masa de tejido adiposo, los adipocitos comienzan a producir mucha leptina. Los niveles elevados de esta hormona son la señal que informa a los núcleos cerebrales de que los depósitos grasos están llenos y por tanto se debe apagar la sensación de hambre. Este sería el mecanismo homeostático que permitiría mantener siempre constantes los depósitos de grasa en el organismo, mediante la actuación de este bucle de retroalimentación. Es el llamado «ponderostato», que permite a muchos animales mantener constante su masa grasa, sin engordar ni adelgazar demasiado.

Pero a nuestros desnutridos ancestros lo que les interesaba era atiborrarse de comida y llenar al máximo sus reservas de grasa cuando hubiera ocasión. Así, durante los siguientes días de escasez de alimentos, podían vivir de esas rentas. Los genes ahorradores solucionaron este problema, ya que permitían que, en épocas de abundancia, nuestros ancestros pudieran comer grandes cantidades de alimentos sin sentirse saciados, sin que se les aplacase el hambre en cuanto probaban dos bocados, para así llenar al máximo sus depósitos de energía.

Uno de los mecanismos del genotipo ahorrador es la llamada «resistencia a la leptina». Estos genes hacen que los receptores cerebrales para la leptina encuentren dificultades para detectar la presencia de la hormona que se libera por el tejido adiposo repleto de grasa. Así, cuando nuestros ancestros que desarrollaron esta mutación disponían de comida abundante, podían tragar gran cantidad de alimentos durante muchos días sin perder el apetito hasta que se ponían bien gordos. Al aumentar la masa grasa y la leptina circulante, la resistencia a la leptina de su cerebro permitía que no percibieran el llenado de los depósitos grasos hasta que estos alcanzaban un gran tamaño. Este plus de grasa acumulada les confería ventajas de supervivencia para resistir los subsiguientes e inevitables días o semanas de ayuno. Nos convertimos en el mono obeso (ver *El mono obeso*, editorial Crítica).

Esta adaptación alostática, tan beneficiosa en las condiciones de vida de nuestros ancestros paleolíticos —por la discontinuidad a la hora de disponer de alimentos—, puede desencadenar una enfermedad en nuestro entorno opulento, en el que los alimentos siempre están disponibles y son abundantes. Nuestra leptina nos manda mensajes continuos de que nuestros depósitos grasos están llenos, pero la resistencia a la leptina que presentan algunas personas impide que los centros cerebrales se enteren. Muchas personas obesas lo son porque no dejan de comer grandes cantidades de alimentos por muy gordos que estén. A muchas de ellas la resistencia a la leptina heredada de sus ancestros les fuerza a ser glotonas.

La resistencia a la insulina también colabora en el mecanismo de la alostasis energética. Si el organismo que es resistente a la insulina quiere asimilar con eficacia la glucosa que penetra con los alimentos, su páncreas se ve obligado a secretar cantidades muy elevadas de insulina, capaces de vencer el obstáculo. Es decir, una persona con resistencia a la insulina tiene mucha más insulina en su sangre de la que le correspondería (hiperinsulinemia).

La acción de la insulina sobre la acumulación de grasa en el tejido adiposo no se ve afectada por la resistencia, de tal forma que en presencia de cantidades enormes de insulina circulando por la sangre se incrementa la eficacia de los sistemas de acumulación de grasa en el tejido adiposo. Esto era otra circunstancia que permitía a nuestros ancestros acumular como grasa propia tanto la grasa de los animales, como los azúcares de las frutas que durante días se estaban comiendo.

Entre un 30 y un 40 por ciento de la población mundial presenta en su genoma algunos genes ahorradores que promueven la resistencia a la leptina y a la insulina, y son en gran parte responsables de la elevada tasa de obesidad, de diabetes, de síndrome cardiometabólico y de tantos problemas cardiovasculares como padecemos en las sociedades opulentas. Esto ocurre porque sometemos a nuestros genes ahorradores paleolíticos a un entorno sedentario y de alimentación excesiva; es decir, hacemos un uso incorrecto de nuestro diseño evolutivo.

Alostasis del sistema cardiovascular y respiratorio

Los parámetros cardiovasculares, como la frecuencia cardiaca, la presión arterial o el grado de dilatación de los vasos sanguíneos, y los parámetros respiratorios, como la frecuencia respiratoria y la profundidad de la respiración, no pueden mantenerse dentro de límites estrechos en el sentido homeostático del término, sino que deben reajustarse continuamente para permitir las adaptaciones a las diversas circunstancias fisiológicas que pueden darse y que permiten nuestra supervivencia y nuestra capacidad de reproducción.

Dentro de nuestras arterias, la sangre circula a emboladas que vienen determinadas por el ritmo cardiaco, cuya frecuencia en reposo suele estar entre 60 y 80 pulsaciones por minuto. Cuando llega el chorro de sangre que bombea el corazón, las paredes de las arterias se distienden para acomodar la sangre que les llega. Entonces, sus paredes alcanzan una presión que es la máxima, la más elevada (se le llama presión sistólica porque ocurre durante la sístole o contracción cardiaca). Esta presión debe estar, en reposo, entre 110 y 140 mmHg. Cuando la arteria, que es muy elástica, se contrae y se vacía de esa embolada de sangre, la presión en su interior es la más baja posible, presión mínima que debe oscilar entre 70 y 90 mmHg (a esta presión se la denomina diastólica porque ocurre durante la diástole o dilatación cardiaca).

Pero si decidimos trotar persiguiendo a una presa o correr para escapar de un peligro, demandamos a nuestro organismo que la sangre circule más deprisa y a más presión por el cerebro, los músculos, los pulmones y otros órganos; esto hace que se acelere el ritmo cardiaco, que puede superar las 140 pulsaciones por minuto o incluso más, y suba la presión arterial, que puede alcanzar valores de presión sistólica de más de 140 mmHg. Mantener una presión arterial más elevada durante el ejercicio es una adaptación a través del cambio en los valores de unos parámetros homeostáticos; es la alostasis.

Volvamos al clan de nuestros antecesores que están pasando unos días de descanso y holgazanería en aquel valle mientras digieren y asimilan la caza, las frutas y los frutos secos que han devorado y que les han permitido reponer fuerzas y acumular reservas de grasa para continuar su ruta migratoria en busca de un mejor asentamiento. Todos están plácidamente dormidos en el abrigo rocoso que han encontrado. En esta situación, sus organismos están regidos por el sistema nervioso parasimpático, el que controla el descanso, la digestión y el sueño, es decir, todas aquellas funciones que no tienen que ver con el peligro, con la emergencia, con la lucha y con la huida, y que están bajo el control del sistema nervioso simpático.

Tumbados y bajo el predominio parasimpático, sus corazones laten a un ritmo de unos 50 latidos por minuto, su respiración es pausada (unas 15 respiraciones por minuto), su tensión arterial es de 80 mm de Hg de mínima y 130 mm de Hg de máxima, y sus vasos intestinales están dilatados para aportar sangre al aparato digestivo, que está en pleno trabajo de digestión. Los vasos cerebrales y musculares solo permiten la circulación suficiente de sangre para mantener el reposo de estos tejidos.

Amanece. El jefe despierta a gritos al resto de miembros del clan, que se ponen en pie. En ese gesto de pasar rápidamente de estar tumbados a ponerse de pie se activa de forma inmediata el sistema nervioso simpático, lo que ocasiona un aumento de la frecuencia cardiaca y de la presión arterial. Además, cambia la circulación de la sangre aumentando en el cerebro y en los músculos. El hecho de ponerse de pie impone un brusco reajuste (reseteo) de los parámetros cardiovasculares para adaptarse a la nueva situación (alostasis).

El jefe ordena a dos jóvenes exploradores que se adelanten corriendo para verificar que en el camino no hay peligros. Cogen sus palos y comienzan a trotar en la dirección indicada. Nada más recibir la orden, se activa en su organismo el sistema simpático e inmediatamente se acelera el ritmo cardiaco, que puede llegar a superar los 130 latidos por minuto. También aumenta la presión arterial, sobre todo la máxima, que puede llegar a los 150 mm de Hg o más. Se han dilatado los vasos de los músculos para permitir una mejor contracción y los del cerebro para aumentar la atención. Durante toda la carrera se produce un reajuste de los valores cardiocirculatorios a unos nuevos valores capaces de permitir el esfuerzo físico. Estos cambios alostáticos se mantienen durante la hora que están trotando. Cuando llegan a la colina que era su destino, se sientan y sus parámetros cardiocirculatorios van recuperando poco a poco los valores del reposo. Y sus organismos se dedican a metabolizar el exceso de los combustibles (glucosa y ácidos grasos) que han movilizado para permitir la contracción muscular.

Esta alostasis cardiocirculatoria también se acompaña de una alostasis respiratoria, ya que durante el esfuerzo la respiración se hace más rápida y más profunda que en el reposo, para permitir así que entre más oxígeno y para eliminar el CO_2 y el calor que se producen en las combustiones musculares. Este conjunto de adaptaciones (estrés alostático) permite superar las imposiciones de la sobrecarga por el ejercicio físico.

En la vida real, con frecuencia nos vemos obligados a someter a nuestro aparato cardiocirculatorio a un esfuerzo desacostumbrado y, por tanto, vamos ocasionando sobrecargas pequeñas pero que se van acumulando. Las ocasiones son constantes y diversas. Por ejemplo si nos lanzamos a salvar a un niño que está a punto de ser atropellado por un camión o si corremos hasta atrapar el autobús o el metro que se nos escapan.

Para saber más

El ayuno

Hay una primera fase de alerta que se activa cuando llevamos más de doce horas sin comer y ya se han consumido las reservas de glucosa: son los mecanismos homeostáticos, que, como ya se dijo, se caracterizan por la reducción de los niveles de insulina y un aumento de las hormonas glucagón, adrenalina y cortisol. Por una parte se consumen proteínas para convertir sus aminoácidos en glucosa, que escasea. Por otra se activa la degradación de los triglicéridos, que son las moléculas que forman los depósitos de grasa. Los triglicéridos se rompen y producen ácidos grasos y glicerol. El glicerol puede transformarse en glucosa en el hígado. El organismo en ayuno da dos usos a los ácidos grasos: por una parte se usan como combustible alternativo a la glucosa, por todas las células del organismo excepto las neuronas; por otra se trasforman en cuerpos cetónicos, una especie de sucedáneo de las grasas y que pueden ser metabolizados por las neuronas cuando les falta la glucosa.

El concepto de genotipo ahorrador y su importancia en la evolución de la especie humana y en el desarrollo de la resistencia a la insulina se plantea en los siguientes estudios:

Neel, J.V. Diabetes Mellitus. A thrifty genotype rendered detrimental by progress. American Journal of Human Genetics. 14: 353-362, 1962.

—, The "thrifty genotype" in 1998. Nutricional Reviews. 57: 52-59, 1999.

Respecto a la leptina, su papel como regulador del hambre y la saciedad y sus implicaciones en relación con el genotipo ahorrador, se pueden encontrar en la siguiente referencia:

Ahima, R.S. y Flier, J.S. Leptin. Annual Reviews of Physiology. 62: 413-437, 2000.

Algunos textos sobre el fascinante y controvertido asunto de los aspectos alostáticos y evolucionistas de la anorexia nerviosa.

Gatward, N. Anorexia Nervosa: an evolutionary puzzle. European Eating Disorders Review. 15: 1-12, 2007.

Surbey, M.K. Anorexia Nervosa, amenorrhea and adaptation. Ethology and Sociobiology. 8: 47S- 61S, 1987.

Voland, E. y Voland, R. Evolutionary biology and psyquiatry: The case of Anorexia Nervosa. Ethology and Sociobiology. 10: 223-240, 1989.

Vitamina C, fructosa y ácido úrico

Hace más de veinte millones de años, la combinación de abundancia de fructosa, el aumento de ácido úrico y la pérdida de la capacidad de sintetizar la vitamina C tuvieron una importancia crítica en la respuesta al estrés que suponía la falta de alimentos de los primates. Estas características metabólicas permitieron la supervivencia de nuestros ancestros más primitivos con una dieta de frutas, sobre todo en los periodos en los que el enfriamiento global hacía que la fruta escasease. Sus efectos combinados permitían tres adaptaciones esenciales: crear la resistencia a la insulina, favorecer la acumulación del exceso de energía, cuando la fruta era abundante, en forma de grasa y mantener la presión arterial en condiciones de escasez de sal.

La fructosa es un monosacárido que se absorbe bien en el aparato digestivo y se metaboliza fundamentalmente en el hígado, lo que tiene dos consecuencias muy importantes para nuestra salud actual. En primer lugar, los productos finales del metabolismo de la fructosa producen ácidos grasos y triglicéridos (grasas) que se pueden acumular en las células hepáticas y producir un hígado graso, si el consumo de fructosa es elevado. Desde el hígado estas grasas se exportan para que se almacenen en otros depósitos grasos del organismo. Este mecanismo era la forma de acumular grasa en unos simios que consumían una dieta a base de frutas, que carecen de grasa, salvo en muy pocas excepciones (aguacates, cocos).

Además, el metabolismo de la fructosa ocasiona un gran gasto en la célula hepática de un nucleótido que es el ATP, que es como la moneda energética universal; es el dólar con el que nuestras células compran y venden energía unas a otras. Cada fructosa que se metaboliza consume al menos tres moléculas de ATP y el problema es que los restos de este ATP consumido se transforman en ácido úrico. Como ya hemos visto, este aumenta mucho en sangre a causa de la pérdida por los primates del enzima uricasa.

En la naturaleza, la fructosa solo se encuentra en las frutas y en la miel. Pero hoy consumimos en gran medida alimentos que contienen, a veces, cantidades elevadas de fructosa. Empezando por el azúcar refinado, la mitad de su peso es glucosa y la otra mitad, fructosa; así, de una bolsita de 10 gramos de azúcar, 5 gramos son de fructosa. ¿Cuántas bolsitas se toma al día con los cafés o las infusiones? La fructosa se utiliza para edulcorar muchos dulces destinados a personas con algunos problemas de salud, como los diabéticos, que no deben tomar glucosa. Es decir, a lo largo del día consumimos muchos gramos de fructosa, que en nuestro organismo, bien alimentado, se van a convertir en grasas.

La situación se complica porque, además del exceso de fructosa, consumimos también mucha sal y un exceso de alimentos ricos en purina, que por nuestra condición de primates (ausencia de uricasa) produce un aumento de ácido úrico que, además de sus propios efectos perjudiciales en relación a la gota, potencia la capacidad de la fructosa de convertirse en grasa. Además, recordamos que el propio metabolismo de la fructosa (se consume ATP) potencia en las células del hígado la producción de ácido úrico.

Vemos, pues, que nuestra forma de alimentación occidentalizada y opulenta va en contra del diseño evolutivo y puede causar enfermedad. En este sentido, para ponernos en paz con nuestros genes deberíamos no abusar de los alimentos y las bebidas ricos en fructosa, reducir el consumo de alimentos ricos en purinas y aumentar el consumo de alimentos ricos en vitamina C (cítricos, resto de frutas y verduras frescas).

Cuatro artículos abordan el interesante asunto de los aspectos evolucionistas de la relación que existe entre metabolismo de la fructosa, niveles de ácido úrico y la vitamina C.

Johnson, R.J., Andrews, P., Benner, y Oliver, W. The Evolution of Obesity: Insights from the Mid-Miocene. Trans America Clinical Climatological Association. 121: 295-308, 2010.

Johnson, R.J y cols. Lessons from comparative physiology: could uric acid represent a physiologic alarm signal gone awry in western society? Journal Comparative Physiology B. 179: 67-76, 2009.

Richard, J., Johnson, R.J. y cols. Hypothesis: Could Excessive Fructose Intake and Uric Acid Cause Type 2 Diabetes? Endocrine Reviews 30: 96-116, 2009.
Stanhope, K.L. y Havel, P.J. Fructose Consumption: Considerations for Future Research on Its Effects on Adipose Distribution, Lipid Metabolism, and Insulin Sensitivity in Humans. Journal of Nutrition 139:1236S-1241S, 2009. http://jn.nutrition.org/content/139/6/1236S.full

La alostasis del aparato cardiocirculatorio y sus consecuencias para la salud se describen con detalle en:

Joseph, A., Hill, J.A. y Olson, E.N. Cardiac Plasticity. New England Journal Medicine. 358: 1370-1380, 2008.
Logan, J.G., Barksdale, D.J. Allostasis and allostatic load: expanding the discourse on stress and cardiovascular disease. Journal Clinical Nursing. 17: 201-208, 2008.

9

Prevención y tratamiento del estrés alostático

El precio de la estabilidad

Mantener la estabilidad siempre tiene un precio, y reajustar los valores del medio interno para adaptarse a determinadas condiciones es aún más caro. Cada vez que el organismo sufre un estrés alostático se produce un cierto desgaste, que normalmente se repara. Esta es la condición normal que se daba en nuestros antecesores para poderse adaptar con éxito a las vicisitudes coyunturales con las que se topaban a lo largo de su vida.

Pero las condiciones de vida de las sociedades opulentas imponen cambios permanentes en nuestro entorno (por ejemplo el exceso diario de alimentos muy energéticos y el sedentarismo permanente) que obligan a los sistemas alostáticos a una actividad continua. Como resultado de la reiteración del estrés alostático y de la hiperactividad crónica de los mediadores alostáticos, la sobrecarga alostática impuesta al organismo puede acarrear enfermedades o incluso la muerte.

Pueden darse varias situaciones. En unos casos, el estímulo de la sobrecarga alostática persiste durante largos periodos de tiempo, tal es el caso de una persona que decide ponerse en huelga de hambre. A veces la sobrecarga alostática se reitera con excesiva frecuencia, como es el caso de un glotón que cada poco tiempo se da un festín de alimentos muy energéticos. En estas circunstancias, el estrés alostático se cronifica, la situación del organismo se complica y puede conducir a la disfunción y a la enfermedad.

Los efectos negativos de las sobrecargas alostáticas se agravan cuando la sobrecarga alostática sucede en una persona con alguna característica genética que la hace más susceptible a la agresión. Vamos a considerar cierto tipo de situaciones comunes de patologías derivadas del estrés alostático y que pueden suceder en nuestro entorno civilizado y opulento.

La anorexia y la bulimia

Hoy día algunas mujeres portan los genes que han heredado de nuestros ancestros y que les permiten determinadas respuestas alostáticas ante la falta persistente de alimentos. En las sociedades opulentas y desarrolladas, algunas mujeres, sobre todo jóvenes, si por cualquier circunstancia deciden someterse a un plan de adelgazamiento sin control médico y si a la vez perciben una situación que consideran peligrosa para ellas o para su entorno (problemas en la familia, en el colegio, abandono de su primer novio, miedo al futuro profesional, etc.), pueden activarse en ellas los mismos mecanismos alostáticos que hace cientos de miles de años permitieron a nuestras antecesoras sobrevivir a las situaciones de peligro y a las hambrunas: ausencia de la sensación de hambre, aceptación de su delgadez, placer al privarse de los alimentos, tendencia a los atracones seguidos de la regurgitación (vómito).

Cuando estos factores desencadenantes afectan a una mujer genéticamente predispuesta, puede llegar a desarrollar dos alteraciones muy graves y que son cada vez más frecuentes en nuestra sociedad: la anorexia nerviosa y la bulimia y sus combinaciones. Esto es más frecuente si los factores desencadenantes actúan en un periodo fisiológicamente vulnerable, como son los años críticos de desarrollo, en torno a la pubertad.

Hay que hacer un gran esfuerzo en la prevención, es decir, evitar lo antes posible que la niña (solo en muy raras ocasiones la anorexia nerviosa afecta a niños) perciba o sufra ciertos cambios en su ambiente que su organismo pueda interpretar como una situación de hambruna o de riesgo. Por ejemplo, todos los especialistas aseguran que la principal causa desencadenante de una anorexia nerviosa es una pérdida rápida y voluntaria de peso. Puede deberse por ejemplo a seguir una dieta absurda por estar de moda, a que alguien le haya dicho que está muy gorda, a problemas familiares o dificultades en el colegio, etc. Esta pérdida de peso, cuando supera un cierto porcentaje (alrededor del 30 por ciento de su peso anterior), desencadena automáticamente en los centros cerebrales el mismo proceso que hace miles de años permitía a una antecesora prehistórica sobrevivir a la hambruna y seguir a la tribu en largas migraciones en busca de alimento. Sin embargo, hoy desemboca en una complicada y peligrosa enfermedad. La anorexia nerviosa puede ser considerada, por ello, como la expresión de un estrés alostático cronificado.

La prevención es esencial porque hoy por hoy el tratamiento de la enfermedad ya establecida es largo y complicado y en muchos casos no llega a curarse del todo, sino que pasa a una fase de cronificación que persiste toda la vida.

El sobrepeso y la obesidad

¿Quién está gordo y quién está delgado? En primer lugar debemos establecer con claridad de qué estamos hablando. Para evitar conflictos, se ha adoptado una convención internacional: es el índice de masa corporal (IMC). Se calcula al dividir el peso en kilogramos por la talla en metros elevada al cuadrado. Por ejemplo, en una persona que pese 80 kilogramos y que mida 1,72 metros, su IMC será 80 dividido por $1{,}72^2$. El resultado es IMC = 27.

El índice de masa corporal permite clasificar los diferentes estados ponderales en la persona adulta. La delgadez comienza a partir de un IMC inferior a 18,5, y el sobrepeso comienza a partir de un IMC superior a 25. A partir de 30, comienza la obesidad. Estas cifras son comunes para hombres y mujeres a partir de los 18 años de edad.

Hoy se sabe que lo que determina las consecuencias patológicas de la obesidad, más que la magnitud del exceso de grasa, es dónde está colocada esa grasa. Hay dos patrones fundamentales de distribución de la grasa: por un lado, la llamada obesidad central, o en manzana, que se da cuando la grasa se acumula en el centro del organismo, en torno a la cintura; y por otro lado, la llamada obesidad periférica, o en pera, que se da cuando se acumula preferentemente en la parte inferior del cuerpo, en la cadera y en los muslos.

Cualquier obesidad es peligrosa para la salud, pero todos los estudios coinciden en señalar que el riesgo es mucho mayor si la grasa se acumula en la cintura. La obesidad central es un grave factor de riesgo, sobre todo para quienes padecen diabetes, hipertensión y enfermedades cardiovasculares, y está estrechamente asociada a la resistencia a la insulina. Para determinar si tenemos obesidad central, se mide el perímetro de la cintura dos dedos por encima de las crestas iliacas, que son los huesos que resaltan a ambos lados de la cadera. Se padece obesidad central cuando un hombre tiene más de 102 cm de perímetro de cintura y una mujer tiene más de 88 cm.

TABLA. Los valores de índice de masa corporal (IMC) y de acumulación de grasa en la cintura (PC) son aditivos respecto al riesgo para la salud en general y el riesgo cardiovascular en particular.

Riesgo para la salud según el índice de masa corporal (IMC) y el perímetro de cintura (PC). H indica hombre y M indica mujer.

Tipo	**IMC**	**PC (H/M)**	**Riesgo**
Sobrepeso	25 a 29,9	menos de 102/88	aumentado
Sobrepeso	25 a 29,9	más de 102/88	alto
Obesidad	más de 30	menos de 102/88	muy alto
Obesidad	más de 30	más de 102/88	extremo

Obesidad y enfermedad

El sobrepeso y la obesidad están adquiriendo tintes de epidemia. La Organización Mundial de la Salud (OMS) estima que existen en el mundo más de mil millones de adultos con sobrepeso y más de trescientos millones con obesidad. Además hay que sumar unos 150 millones de niños con exceso de peso. Este incremento no se basa exclusivamente en las cifras que aportan los países desarrollados y opulentos, sino que la mayor contribución a este panorama está llegando de los países emergentes, como China e India. Estos están adoptando con rapidez estilos de vida opulentos que incluyen el sedentarismo y el exceso de consumo de alimentos de elevada densidad calórica. Cuando la OMS ha rehecho sus cálculos considerando las diferencias étnicas para calcular los IMC, el resultado ha sido 1.700 millones de personas con exceso de peso (sobrepeso y obesidad).

La obesidad es en sí una enfermedad y además es promotora de numerosas enfermedades. El sobrepeso y la obesidad aumentan el riesgo de padecer una enfermedad cardiovascular y multiplican por cinco el riesgo de padecer hipertensión arterial. Además, el sobrepeso favorece el desarrollo de algunos tipos de cáncer (colon y mama), los problemas biliares, óseos y articulares (dolores de espalda, artrosis) y también las varices.

Una de las teorías más modernas para explicar por qué la obesidad causa enfermedad es la «hipótesis de la expansibilidad». Todos los individuos poseen una capacidad máxima para la expansión del tejido adiposo que viene determinada por factores genéticos y que varía mucho de unas personas a otras. Cuando la expansión del tejido adiposo alcanza el límite, es como si ya no cupiera más grasa y este tejido deja de acumular lípidos con eficacia. Si esa persona continúa ingiriendo grandes cantidades de alimentos, la grasa desborda los límites del tejido adiposo y comienza a acumularse en otros lugares, por ejemplo en las células musculares cardiacas, en las células del hígado (hígado graso) o en las células beta del páncreas, las que producen la insulina. Esta acumulación de grasa en los lugares no previstos, junto con la producción constante de mediadores inflamatorios, ocasiona todos los problemas que acompañan a la obesidad.

A causas darwinianas, remedios darwinianos

Desde un punto de vista darwiniano, la principal fuerza que motiva la acumulación excesiva de grasa es la discrepancia entre nuestro diseño evolutivo y las condiciones actuales de vida en las sociedades desarrolladas y opulentas. Vamos a analizar las dos causas principales de estas discrepancias y que hoy promueven la obesidad en las sociedades opulentas.

La prevalencia actual de los genes ahorradores en los seres humanos es muy variable y depende, en gran parte, del grupo poblacional que consideremos. En la población europea y en general en la población caucásica, el genotipo ahorrador suele afectar a un 30 o 40 por ciento de personas. Pero en relación con la obesidad se pueden dar tres patrones fundamentales que conviene conocer.

En un extremo están aquellos que han heredado pocos genes ahorradores. El organismo de estas personas no tiene gran tendencia a acumular reservas grasas y su metabolismo es muy activo. Estos individuos, para envidia de amigos y familiares, siempre están delgados, coman lo que coman. Si por cualquier circunstancia engordan, pueden recuperar su peso normal con facilidad, solo con algo de dieta y de ejercicio físico.

En el otro extremo están aquellos que han heredado el genotipo ahorrador al completo. Su organismo tiene una enorme eficacia para acumular grasa, y su bajo metabolismo hace que sea muy difícil perder el exceso de energía acumulada. Estos individuos siempre están gordos, hagan lo que hagan. Perder los kilos que les sobran es para ellos misión imposible aunque coman solo lechuga. La experiencia enseña que en ellos el tratamiento es ineficaz incluso asociando la dieta, el ejercicio físico y una medicación específica. Hoy en día se les está tratando mediante la cirugía bariátrica, las reducciones gástricas o intestinales y las bandas o los balones intragástricos. Claro que estas medidas deben ir acompañadas de un plan dietético, el apoyo psicológico y la supervisión de un endocrinólogo.

Entre esos dos extremos está la mayoría de la población, que pueden contener en su genoma desde unos pocos a muchos genes ahorradores. Este hecho explica la enorme variabilidad que existe en la población respecto a la facilidad para engordar y las diferentes respuestas a los tratamientos para adelgazar. Hoy día, a estos individuos se les analiza genéticamente para determinar cuáles son las mutaciones ahorradoras heredadas y aplicar así un tratamiento más específico a su obesidad. Ya se comienza a disponer de fármacos que pueden influir en la expresión de un gen ahorrador o en paliar sus consecuencias negativas. Estas medidas específicas pueden resultar eficaces, siempre que se acompañen de la norma general, que es ponerse en paz con nuestro diseño evolutivo mediante el cambio en el estilo de vida, un plan de alimentación natural y la práctica de ejercicio físico a diario.

La mejor solución para evitar la obesidad y sus circunstancias sería comportarnos, desde el punto de vista nutricional, lo más parecido que pudiéramos a nuestros ancestros paleolíticos: comer poco —lo justo para mantener el peso y aportar a nuestro organismo los nutrientes necesarios—, intercalar de vez en cuando algún día de ayuno, en el que tomáramos solo zumos de fruta, y realizar ejercicio diariamente.

El sedentarismo como enfermedad

Una de las manifestaciones más características de la alostasis es que permite la adaptación de numerosas funciones y parámetros del medio interno al estrés que supone hacer ejercicio físico. Podemos considerar la alostasis del ejercicio como una manifestación más de la alostasis energética.

Todos los animales se mueven continuamente, pero solo por tres motivos: para sobrevivir frente a un peligro (huida o lucha), para aparearse y para alimentarse; los juegos son solo simulacros de los tres. Para cualquier animal, incluido el ser humano, el movimiento diario está al servicio de la adquisición de energía, es decir, de la alimentación. Son contadas las ocasiones en las que el movimiento obedece a necesidades de reproducción o de supervivencia.

Existe una ley universal en biología que establece que todo animal para nutrirse ha de pagar un precio de trabajo muscular diario. Ya sea un escarabajo, un pez, una oveja o un leopardo, ha de gastar energía de contracción muscular como actividad física diaria para obtener las kilocalorías de la comida. Nuestros organismos fueron diseñados por la evolución para alimentarnos mediante el ejercicio físico. Es indudable que a nuestros ancestros obtener el alimento les exigía un gran esfuerzo, ya se tratara de perseguir durante días a una presa hasta darle caza, o caminar durante horas recolectando alimentos del campo, o procesar los alimentos para su conservación.

Desde el punto de vista de la medicina darwiniana, el sedentarismo, es decir, la ausencia casi total de actividad física, es una enfermedad carencial. Se define enfermedad carencial como aquellas alteraciones que se producen en el organismo cuando nos falta durante varios días algo de lo que precisamos a diario. Los ejemplos más claros de enfermedad carencial son los que tienen que ver con la falta de vitaminas. Nuestro diseño evolutivo nos exige conseguir el alimento con esfuerzo («Ganarás el pan con el sudor de tu frente», se especifica en la Biblia), pero en las sociedades opulentas podemos atracarnos cada día de alimentos de elevada densidad calórica, sin haber consumido ni una kilocaloría de trabajo muscular para conseguirlos.

El genotipo motor y el síndrome del desuso

A lo largo de cientos de miles de años, la evolución ha favorecido que aparecieran determinadas mutaciones que promueven una mayor eficacia de la contracción muscular, sobre todo bajo las peores condiciones nutricionales. La supervivencia de nuestros ancestros exigía la posibilidad de contracciones musculares eficientes durante deficientes situaciones metabólicas. En las grandes sequías, cuando escaseaba el alimento, se incrementaba el gasto muscular necesario para encontrar la comida, y lo más eficaz para encontrar el alimento necesario era un músculo capaz de trabajar en condiciones de penuria energética. Por esta razón, nuestros ancestros tuvieron que acumular una serie de mutaciones que promovían estas proezas y que permitían una forma de vida saludable con un elevado y constante nivel de actividad física. La condición natural de la especie humana, por lo tanto, sería la actividad física continua y de una cierta intensidad; bajo estas condiciones, los sistemas enzimáticos y transportadores que hemos adquirido a lo largo de la evolución de nuestra especie y que nos permiten obtener el alimento con eficacia (genotipo motor) funcionarán a pleno rendimiento.

Es posible que, a causa de este diseño evolutivo, los seres humanos tengamos la obligación de superar un cierto umbral de actividad física diaria para mantener el normal funcionamiento de nuestros sistemas homeostáticos, para superar los retos alostáticos y, por supuesto, para salir victoriosos de las amenazas pantostáticas (como veremos más adelante).

Neel denomina «síndromes por fallo de homeostasis genética» al fracaso de estos sistemas a causa del sedentarismo. Es decir, nuestra vida sedentaria actual ocasiona una expresión inadecuada de estos genes motores paleolíticos. Cuando estos alelos que evolucionaron para permitir la adaptación a entornos que requerían de grandes esfuerzos físicos para sobrevivir se enfrentan al sedentarismo del ser humano moderno, ocasionan una inactividad de las rutas y propiedades contráctiles que controlan dichos genes. Esto es lo que causa a la larga una salud deficiente y menor longevidad. En cierta forma, el sedentarismo se asemeja a la pérdida de función que resultaría de silenciar la

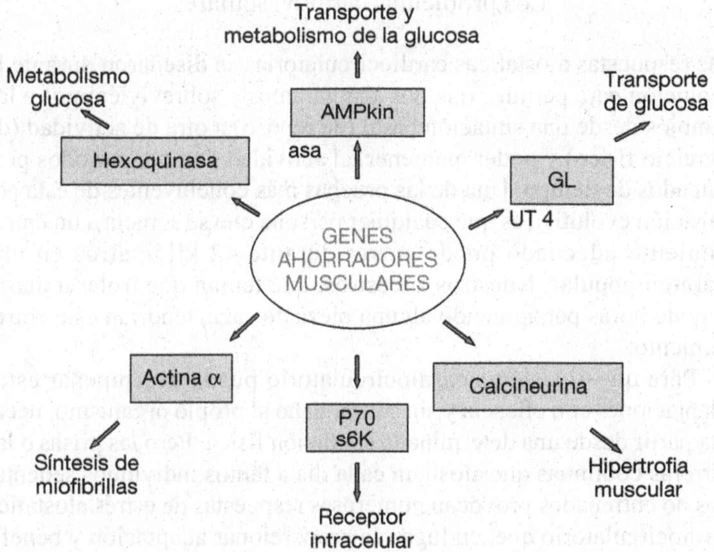

FIGURA. Componentes del genotipo motor y funciones que promueven. El sedentarismo ocasiona alteración de la expresión de estos genes y causa enfermedad y agrava la sensibilidad al estrés y a sus consecuencias.

expresión de un gen. A diferencia de que, en este caso, el elemento perdido no es el propio gen sino su activación. En estas condiciones sedentarias, practicar picos de actividad (correr para alcanzar el autobús o el metro, caminar a toda velocidad porque llegamos tarde al colegio de nuestro hijo) somete a un sobreesfuerzo a un corazón no habituado ni estructural ni metabólicamente para tales esfuerzos.

Nuestro organismo, por lo tanto, precisa realizar ejercicio físico de modo habitual; en el caso contrario, se desencadena una enfermedad carencial, el sedentarismo, que se manifiesta en diferentes órganos y sistemas (sistema metabólico, sistema cardiovascular, sistema inmunológico, actividad cerebral, sistema muscular y articular, etc.) y aumenta mucho nuestra fragilidad frente a los embates de diversas situaciones estresantes.

Los problemas cardiovasculares

Las respuestas alostáticas cardiocirculatorias se diseñaron durante la evolución para permitir que nos adaptáramos y sobreviviéramos a los cambios desde una situación basal (de reposo) a otra de actividad (de ejercicio físico) y poder mantener tal actividad durante periodos prolongados de tiempo. Una de las pruebas más concluyentes de esta adquisición evolutiva es que cualquier persona que se someta a un entrenamiento adecuado puede correr durante 42 kilómetros en una maratón popular. Nuestros ancestros, que tenían que trotar a diario durante horas persiguiendo alguna pieza de caza, tendrían este entrenamiento.

Para que el sistema cardiocirculatorio pueda desempeñar estas adaptaciones con eficacia y sin causar daño al propio organismo, necesita partir desde una determinada condición física. Pero las prisas o las carreras continuas que atosigan cada día a tantos individuos sedentarios no entrenados provocan numerosas respuestas de estrés alostático cardiocirculatorio que, en lugar de proporcionar adaptación y beneficio, desencadenan, a la larga, enfermedad cardiovascular y muerte.

Si planificamos el ejercicio físico y lo ejercitamos de forma habitual, se obtienen cambios beneficiosos en el funcionamiento y en el tamaño del corazón, lo que proporciona ventajas para la salud. Un corazón entrenado, de alguien que realice ejercicio de forma habitual, contiene abundantes fibras musculares contráctiles (miocitos) y está muy bien vascularizado. Por tanto, no sufre problemas de riego cuando aumenta su frecuencia de contracción, ya que este músculo está bien irrigado y adaptado gracias al entrenamiento.

El corazón de una persona sedentaria tiene menor rendimiento funcional, trabaja a mayores frecuencias de latido; el sujeto se agota con facilidad al mínimo esfuerzo y está más expuesto al daño cardiaco por el estrés.

Para estar sanos y combatir los efectos negativos del estrés, deberíamos movernos cada día tanto como los cromañones. Si no podemos salir a cazar nuestra comida o a buscar el alimento en el campo; si ante una agresión o un disgusto o una preocupación no podemos ni huir ni luchar, tendremos que encontrar la forma de ponernos en paz con nuestro diseño en estas deudas de actividad física. De lo contrario, un corazón sedentario no estará adaptado a su función y cualquier esfuerzo desacostumbrado puede acarrearnos problemas.

Debemos movernos como los cromañones

Todos los estudios al respecto indican que la actividad física elevada era lo normal en la vida de los hombres del Paleolítico. El llamado «ritmo paleolítico» consistiría en la alternancia de días de intensa actividad física con otros de reposo. El grado de esfuerzo variaba según las condiciones climatológicas, las migraciones de la caza, la disponibilidad de alimentos vegetales y las mudanzas. Diversos estudios estiman que el gasto calórico por ejercicio físico de los paleolíticos era de unas 1.200 kcal/día o 20 kcal/kg de peso corporal. Mucho más elevado que el estimado para un hombre urbano actual (500 kcal/día y 9 kcal/kg de peso corporal). Las actividades físicas eran muy diversas e iban desde la caza o la recolección hasta la molienda del grano o la fabricación de armas y herramientas. Lo interesante es que su rutina de vida estaba integrada por actividades tanto de condicionamiento aeróbico, como de entrenamiento de fuerza. Según estimaciones realizadas sobre las apófisis y zonas de inserción de los músculos en los restos de huesos fósiles, nuestros antepasados tenían mayor masa muscular y ósea, es decir, más masa magra que nosotros. Estos individuos debían de ser un 20 por ciento más fuertes que los seres humanos actuales.

Durante la evolución de la especie humana (y especies prehumanas), la obtención y el gasto de energía han estado equilibrados. Esto quiere decir que, considerando periodos de tiempo de algunos meses, a más esfuerzo, más alimentos. Además, por regla general, si querían comer mucho, tenían que esforzarse mucho. Pero el desarrollo económico y la industrialización han alterado este vínculo natural. Hoy vivimos en una sociedad que tiende al sedentarismo. Cualquier persona puede pasar su jornada desde que se levanta hasta que se acuesta prácticamente sin haber ejercitado sus músculos; solo el mínimo movimiento para realizar las tareas más sencillas: caminar hasta el coche o el autobús, sentarse a la mesa de trabajo o realizar los gestos cotidianos más elementales. Casi nadie gasta energía para conseguir alimento porque incluso en los trabajos que tradicionalmente han requerido un gran esfuerzo físico (la agricultura o la construcción), el desarrollo de máquinas ingeniosas, capaces de ejecutar cualquier tarea, han reducido de forma significativa el esfuerzo que se necesitaría. La menor actividad física va en contra de nuestro diseño evolutivo; la medicina darwiniana dice que esto nos causa enfermedad y favorece los efectos negativos del estrés.

Este sedentarismo es especialmente dramático en la infancia. Las crías de cualquier animal, incluida la del ser humano, están diseñadas para estar en continuo movimiento, en juegos interminables de simulacros de lucha, de caza y de persecuciones. Esos ejercicios variados proporcionan el movimiento necesario para que el sistema cardiovascular y el sistema respiratorio se desarrollen de forma armónica, y a la vez prepara al infante para el ejercicio físico, que deberá desarrollar para sobrevivir y reproducirse en la edad adulta.

Esta reducción de la actividad física, que va en contra de nuestro diseño, está alcanzando tintes dramáticos en la infancia. Hoy, cualquier niño urbanita gasta cada día 4 horas delante de una pantalla (televisión, ordenador y videojuego) y otras 6 horas sentado en clase o

TABLA. Diez recomendaciones para un ejercicio saludable.

1. Antes de comenzar, pedir el asesoramiento de un profesional sanitario: médico, enfermero o fisioterapeuta.
2. Controlar el pulso durante el ejercicio y el tiempo que tarda nuestro ritmo cardiaco en recuperarse.
   Un ejercicio es correcto si se puede hablar o cantar mientras se practica.
3. Elegir las actividades que mejor se adapten a nuestras condiciones, evitando siempre los esfuerzos excesivos.
4. El esfuerzo debe ser continuado, constante y progresivo a lo largo de los meses.
5. En caso de suspender momentáneamente el programa durante un tiempo, reanudarlo de forma progresiva y desde un nivel bajo.
6. Si se fatiga, reducir la intensidad y comenzar de nuevo la progresión.
7. Evitar esfuerzos que exijan posturas rígidas que someten las articulaciones a esfuerzos excesivos.
8. Detener el ejercicio si ocasiona vértigos, respiración jadeante o dolor de cabeza.
9. Es mejor siempre mantener la duración de 45 minutos por sesión aunque reduzcamos la intensidad.
10. Perseverar con paciencia y evitar quemar etapas. Un programa excesivo puede producir los efectos contrarios a los esperados.

haciendo las tareas escolares. Si sumamos el tiempo que pasa sentado durante las comidas (3 horas) y las horas dedicadas al sueño (8 horas), apenas le queda tiempo para moverse. Los niños y niñas de hoy ya no juegan en la calle por las tardes, no saltan a la comba ni juegan al escondite, ni siquiera al fútbol, ni dan paseos en bicicleta por las calles del pueblo. Este fenómeno afecta a la infancia de todo el mundo desarrollado y les impide una de las cosas más saludables para su desarrollo: el ejercicio físico mediante el juego. Además, les causa problemas de salud y obesidad, y predispone a su organismo a ser menos tolerante al estrés en la vida adulta.

En un estudio que hemos elaborado en la Universidad de Extremadura sobre la obesidad infantil, constatamos, como se ha podido verificar en otros estudios similares, el gran papel que juega el sedentarismo en el desarrollo del sobrepeso infantil. Incluso siendo muy pequeños, los niños obesos tenían alterada la presión arterial y desarrollaban dislipemias. Además, tenían reducido significativamente el colesterol en HDL, es decir, el colesterol bueno, y desarrollaban resistencia a la insulina.

Si no podemos conseguir el alimento cazando o recolectando raíces en el campo o cultivándolo en nuestra huerta, tendremos que encontrar la forma de ponernos en paz con nuestro diseño en esta deficiencia de ejercicio físico. Si lo piensan con detenimiento, cada tarde que salimos a dar un paseo, trotamos por el parque o hacemos una hora de aeróbic en un gimnasio, estamos pagando la deuda de gasto energético muscular adquirida a lo largo del día, por un alimento que hemos comido y que sin embargo ni hemos cazado ni hemos cultivado.

Es decir, la mejor solución es realizar ejercicio a diario, aunque sea a destiempo. Si corremos o caminamos durante una hora, moveremos masa muscular suficiente para compensar la que no hemos movido durante el día. Cualquier ejercicio o deporte vale, todo es mejor que estarse quieto; nuestros músculos pueden consumir por la

TABLA. Hay muchas formas y niveles de practicar ejercicio físico, casi para todos los gustos y posibilidades. Muévase, cuanto más pueda mejor.

Nivel 1: Se trata de aquellas personas que por convicciones personales o por circunstancias laborales o familiares no pueden practicar ningún deporte o actividad física. Se compran un cuenta pasos o podómetro y se lo colocan cada mañana al levantarse de la cama, lo deben llevar puesto en la cintura durante todo el día y no deben acostarse nunca antes de que marque, como mínimo, más de doce mil pasos, lo que equivale, más o menos, a seis kilómetros recorridos.

Nivel 2: Para aquellas personas que dispongan de al menos una hora al día, pueden caminar durante una hora a buen ritmo (más de 5 km por hora), mejor si intercala algún trote lento de unos cuantos minutos. También vale el pedalear en bicicleta de paseo o estática durante una hora. Asimismo podrían asistir a una hora de aeróbic en el algún gimnasio o practicar natación durante 40 minutos.

Nivel 3: Para aquellas personas que les guste hacer ejercicio y dispongan de tiempo para ello, lo mejor para combatir los efectos del estrés es combinar una media hora de trote con media hora de ejercicios de musculación mediante el uso de las máquinas que, a tal efecto, existen en los gimnasios.

Nivel 4: Este ya es para los muy forofos del ejercicio. Aquí se trata de entrenamiento muscular de fuerza con máquinas durante una media hora y luego trotar durante una hora completa.

tarde la energía que hemos acumulado en el atracón de la comida del mediodía.

No lo duden. Son legión los trabajos científicos serios que demuestran que la actividad física ejerce indudables beneficios fisiológicos y psicológicos, que permite amortiguar la respuesta de estrés del organismo ante una situación desencadenante y que reduce los efectos negativos de cualquier tipo de estrés.

Para saber más

¿Es la obesidad una inflamación generalizada?

En una primera fase del engorde, el tejido adiposo intenta acumular toda la grasa que le llega. Por un lado intenta aumentar el número de células adiposas (hiperplasia) para aumentar la capacidad de acumular grasa, pero esto tiene un límite ya que también se precisa un aumento de la matriz extracelular de colágeno, donde estas células se albergan, y del sistema vascular que debe nutrirlas. Por otra parte se produce un aumento de tamaño de las células (hipertrofia). La excesiva acumulación de grasa dentro de los adipocitos (casi parece que van a explotar) altera su función y se estimula la producción de unas hormonas defensivas que son las adipocitoquinas. Esta situación anormal es detectada por el organismo y las células defensivas (macrófagos) tratan a estos adipocitos hipertrofiados como si fueran células anormales y se produce un ataque masivo. El tejido adiposo se llena de células inmunológicas (como los macrófagos) que se activan y estimulan la producción de moléculas inflamatorias. Se produce así en los tejidos adiposos de las personas obesas un estado inflamatorio. La obesidad, en muchas personas, es un estado inflamatorio crónico y generalizado.

Monteiro, R. y Azevedo, I. Chronic Inflammation in Obesity and the Metabolic Syndrome. Mediators of Inflammation, 2010.

El sedentarismo es una enfermedad que agrava las consecuencias del estrés. La mejor manera de prevenir y combatir los efectos de cualquier tipo de estrés es mediante la práctica de ejercicio físico de forma regular. Una excelente y actualizada revisión de este tema es:

Booth, F.W. y Laye, M.J. The future: genes, physical activity and health. Acta Physiol (Oxf). 199: 549-556, 2010.

10

Cuando la amenaza es global

La amenaza global

Hemos visto que nuestro organismo está expuesto a situaciones que amenazan algún aspecto particular de la composición de su medio interno (cambios de temperatura, exceso o deficiencia de glucosa, acidosis, exceso de sal, etc.) y que desencadenan el estrés homeostático, es decir, respuestas inmediatas y automáticas. El objetivo de estas respuestas es que los parámetros alterados se pongan al nivel de aquellos valores definidos por la evolución, que son los que garantizan el correcto funcionamiento del organismo y le proporcionan salud.

Además, nuestro organismo se suele ver obligado a tener que superar numerosos cambios en las condiciones de vida (vivir en altitud, soportar una larga hambruna, emprender una carrera). Para ello, pone en marcha ciertos mecanismos que, a largo plazo, le permiten adaptarse a esas nuevas circunstancias ambientales (alostasis). La compleja reacción que se pone en marcha para resolver estas situaciones es lo que denominamos el estrés alostático.

En el estrés homeostático y en el alostático, la amenaza se cierne sobre algún parámetro o función específica de nuestro organismo (temperatura, concentración de glucemia, presión arterial, adaptación al ayuno, adaptación a vivir en altitud elevada) que, si no se solventa correctamente, puede ocasionar enfermedad y hasta la muerte. Los mecanismos que se ponen en marcha en estas situaciones son parciales, específicos para solventar ese problema en particular. La respuesta es automática, y en la mayor parte de los casos no requiere que intervenga la voluntad del ser humano, aunque esta siempre ayuda.

Pero todos los seres vivos estamos expuestos a ciertos acontecimientos que atentan no solo contra algún parámetro o función particular del organismo, sino también contra todo nuestro organismo al completo y ponen en grave riesgo las dos funciones principales de cualquier ser vivo: la complejidad de su organización global (la vida, la supervivencia del individuo) y la capacidad de transmitir información (la reproducción, la supervivencia de la especie). Cualquier animal puede sufrir un accidente, ser atacado por un predador, padecer una infección grave, perderse del rebaño o bandada y quedar aislado, en soledad, etc. Estas agresiones pueden alterarle la concentración de algún parámetro de su medio interno, pero también pueden producirle desgarros de su carne, fracturas de sus huesos, lesiones de algún órgano vital, infecciones graves o hemorragias, vulnerabilidad ante los predadores, etc. Para sobrevivir a todas estas amenazas, al organismo del animal no le basta con arreglos homeostáticos o con adaptaciones alostáticas. Precisa una respuesta más contundente y global, a la que denominamos pantostasis (del griego *pantos*, que significa «todo» y *estasis*, que significa «estabilidad»).

También los seres humanos estamos expuestos a esas vicisitudes, y a lo largo de nuestra evolución hemos adquirido las facultades necesarias para sobrevivir ante las amenazas globales. Los miembros del clan protagonista de nuestra historia podrían verse sorprendidos por una repentina erupción volcánica, o ver cómo las tierras son anegadas por inundaciones, o ser asediados durante días por una jauría de fieras hambrientas. Alguno de nuestros ancestros podía quedar atrapado en una ciénaga de la que le costaría un gran esfuerzo salir, resultar herido tras el ataque de una fiera, sufrir los abusos jerárquicos del jefe del clan o padecer la muerte de su pareja.

En estos casos de respuesta global, no hay órgano que no intervenga activamente o esté involucrado de forma pasiva en defenderse contra la amenaza. A este tipo de estrés global podríamos denominarlo estrés pantostático. Asumo la completa responsabilidad de las bondades o las inconveniencias de este término, que no existía antes de ser mencionado en estas páginas.

Estrés pantostático en la evolución biológica

El estrés pantostático es tan antiguo como la vida misma. En los albores de la vida, a lo largo de cientos de millones de años proliferaron diversos tipos de células primitivas que intentaban mejorar los sistemas de captación de energía para crear orden e información con más eficacia. Estas primeras protocélulas tuvieron que desarrollar mecanismos de defensa para sobrevivir a las condiciones ambientales adversas. En una primera etapa, que duró millones de años, sus enemigos fueron solo inanimados: cambios físicos (temperatura, radiaciones) o químicos (acidez, concentración de sales) en el entorno.

Con el tiempo, algunas células aprendieron que la mejor manera de obtener energía era «comerse» a otras células más pequeñas. De esta forma surgió una de las principales causas de estrés pantostático: la predación. Mediante esta forma primitiva de predación (la fagocitosis), unas células se nutrían de la energía que otras habían acumulado. Esta novedad obligó a que los seres vivos primitivos ampliaran su catálogo de sistemas de defensa para abarcar todos los peligros, tanto los vivos como los no vivos. Se trataba de nuevas amenazas frente a las que era imposible una adaptación homeostática o alostática y, por lo tanto, se precisaban otros mecanismos de defensa para poder sobrevivir. La selección natural favoreció el desarrollo de muchas soluciones eficaces.

No hay que olvidar que nosotros somos los descendientes de aquellas primeras células que lograron sobrevivir y prosperar, para lo cual, como hemos dicho, desarrollaron los sofisticados sistemas de defensa (estrés) contra las más variadas situaciones de peligro. Nuestras células y nosotros (que somos más que la suma de nuestras células) hemos heredado gran parte de ese extenso catálogo de mecanismos de defensa de los organismos más primitivos.

El movimiento celular

La forma más eficaz de defensa es el movimiento. Todas las partículas (incluidas las células), cuando se encuentran suspendidas en agua, se mueven gracias a una forma de movimiento automático que se denomina movimiento browniano, en homenaje al botánico que lo descubrió al observar al microscopio cómo se movían las partículas de polen en el agua. La descripción de las leyes que regulan este movimiento fue el primer trabajo científico que publicó Einstein.

Todos los seres unicelulares primitivos que flotaban en los océanos primordiales calientes se movían de forma espontánea, lo que les confería una cierta ventaja automática y azarosa de supervivencia. Así, los primeros esbozos de seres vivos se movían al azar de las sacudidas brownianas, que unas veces les llevaban inexorablemente hacia la muerte (aproximación a una fuente tóxica) y otras hacia la vida (desplazamiento hacia zonas más nutritivas). Esta lotería dinámica determinaba su supervivencia o su destrucción.

Pero esto no era suficiente y las células desarrollaron desde el principio diferentes formas de desplazamiento dependiendo del medio en el que se desarrollaba su existencia. Fuera cual fuera el sistema que utilizaban las células primitivas para moverse (flagelos, pestañas vibrátiles o deformaciones corporales), ya disponían de la estructura básica y universal que permite el movimiento: unas proteínas muy especializadas capaces de contraerse y alargarse (proteínas contráctiles). Con este sencillo mecanismo generan el movimiento. Nosotros hemos heredado estos dispositivos en numerosas células de nuestro organismo (movimiento ameboide de algunas células inmunológicas o los filamentos vibrátiles de las células bronquiales y el flagelo de los espermatozoides, por ejemplo) y sobre todo en las células musculares que, como veremos, tienen tanta importancia en la defensa contra las situaciones de riesgo global (estrés pantostático).

El movimiento en los seres pluricelulares

Los sistemas desarrollados por los organismos unicelulares no resultaban eficaces para los organismos pluricelulares voluminosos. La evolución resolvió esta deficiencia creando el tejido muscular, un ingenioso artificio dotado de unas proteínas contráctiles capaces de estirarse o encogerse para así aumentar o disminuir la tensión y generar fuerza. Estas células musculares se agruparon en estructuras complejas que denominamos músculos. Los mecanismos mediante los cuales los músculos generan tensión y movimiento en los animales son muy variados, y pueden ir desde las contracciones del cuerpo de una lombriz de tierra hasta la invención de las aletas, las patas o las alas.

La contracción muscular es, por lo tanto, el principal mecanismo de defensa frente a una agresión global. Esta defensa se ejecuta mediante tres modalidades: huir, luchar o hacerse el muerto. En los dos primeros, la contracción muscular determina el movimiento; en la tercera opción favorece la inmovilidad salvadora mediante una contractura muscular que le permite al animal encogerse para pasar desapercibido y sobrevivir. Sobre estas bases, las modernas teorías cognitivas establecen que existen cuatro modalidades principales (las cuatro *efes*) de respuestas de estrés pantostático: la lucha (*fight*), la huida (*flight*), el desmayo (*faint*) y la parálisis (*freeze*).

Causas del estrés pantostático

Ya hemos señalado que nuestros ancestros paleolíticos estaban expuestos a numerosas vicisitudes que podían desencadenar en ellos un estrés pantostático. Entre otras, ser atacados por un animal que les causaba heridas y fracturas graves; padecer a diario el terror de ir a buscar agua a una charca donde sabían que con frecuencia abrevaban fieras peligrosas; estar sometidos a la tiranía caprichosa de un jefecillo del clan que continuamente les obligaba mediante golpes a que le mostrasen acatamiento social; el sufrimiento de un macho cuando otro macho de superior jerarquía copulaba con su hembra, o el miedo de la hembra, preñada y con dos crías de edades diferentes, cuando perdía a su macho y tenía que sufrir el miedo diario de salir a la peligrosa aventura de buscar alimento fuera del refugio confortable de la cueva.

Es decir, la vida de nuestros antepasados estaba llena de sucesos reales o imaginarios que podían desencadenar un estrés pantostático. En general, son tantos como circunstancias pueden ocasionar riesgo vital y reproductor en cualquier ser vivo. Los principales son: predadores, accidentes, heridas, territorialismo, jerarquías, infecciones, hambrunas, quemaduras, aislamiento, aglomeraciones, intoxicaciones y catástrofes naturales.

El suceso estresante puede sobrevenir de forma aguda (el ataque de un tigre dientes de sable, un camión que se nos echa encima) o puede persistir a lo largo del tiempo y cronificarse (los continuos temblores de tierra y las explosiones provocadas por un volcán cercano que aterrorizaban a los componentes del clan, o el miedo cada vez que salimos de casa si habitamos en un barrio con mucha delincuencia). Los seres humanos, como el resto de primates, salvo excepciones, somos animales que vivimos dentro de sociedades jerarquizadas. Por esta razón, uno de los principales desencadenantes de estrés global son las alteraciones sociales y jerárquicas.

Algunos autores diferencian entre estrés físico y estrés psíquico en los seres humanos. Pero esta diferencia es engañosa. Nuestra mente y nuestro cuerpo forman un todo inseparable y por eso cualquier suceso capaz de desencadenar un estrés pantostático tiene ambos componentes. Unas veces predomina el componente físico: un peatón que es atropellado por un coche que le fractura la cadera y le provoca lesiones internas. En otros predomina el componente psíquico: la esposa de ese peatón a la que comunican por teléfono el atropello de su marido. Pero cuando se llevan al hombre al hospital, le curan sus lesiones y le quitan los dolores con calmantes, es posible que lo que más estrés le cause sea la preocupación (estrés psicológico) de que tendrá que cerrar el taller hasta que se recupere y no sabe cómo podrá pagar el próximo plazo de la hipoteca. Es decir, estrés físico y estrés psíquico siempre van juntos, solo cambia el predominio de uno u otro según el tipo de amenaza y las circunstancias.

Si nuestros antecesores sobrevivieron a todas las amenazas a las que estaban continuamente expuestos a lo largo de los cientos de miles de años de evolución, fue porque estaban ya equipados con los mecanismos que les permitían una ventaja de supervivencia para superar estas situaciones estresantes. Esos mismos mecanismos son los que hemos heredado nosotros y son los que se ponen en marcha frente a las versiones modernas de los agentes estresantes. Las mismas hormonas y los mismos centros cerebrales que se activaban en un antecesor cuando, muerto de miedo, acechaba con su frágil lanza a un peligroso mamut, se ponen hoy en marcha en un individuo que camina por el largo pasillo hacia el despacho donde va a realizar la entrevista que le puede proporcionar el trabajo que ansía.

En doscientos mil años de existencia de nuestra especie, estos mecanismos apenas han cambiado; tenemos prácticamente los mismos que nuestros antecesores paleolíticos y, en cierto modo, que la mayoría de los animales, incluida la capacidad de anticipar situaciones estresantes. Algunos autores señalan que, por ejemplo, la anticipación de que algo va a ocurrir es una característica exclusivamente humana y que hace que desencadenemos una respuesta de estrés sobre meras conjeturas: nos estresamos imaginando las discusiones que, como todos los años, vamos a tener con la familia durante la cena de Navidad. Pero la anticipación no solo es intelectual, también es instintiva. Todos hemos observado en algún documental televisivo las vacilaciones y el nerviosismo que muestran miles de ñus cuando en su emigración anual llegan a las orillas del río Mara, que tienen obligatoriamente que cruzar y (aunque no los vean) saben que está infestado de cocodrilos a la espera de hincarles el diente.

El estrés pantostático hoy

En el siglo XXI, sobre todo en los países más desarrollados, los agentes estresantes han cambiado su aspecto, aunque, como ya hemos dicho, los mecanismos que desencadenan son los mismos. Comentaremos las principales causas de estrés pantostático en las sociedades desarrolladas, según el entorno en el que se originan.

1. Causas ambientales

Nuestros ancestros estaban capacitados para responder a la amenaza que suponía vivir en un entorno plagado de fieras peligrosas. Nosotros ponemos en marcha los mismos mecanismos para, por ejemplo, cohabitar con un vecindario poco seguro, soportar la contaminación química, los ruidos constantes (sirenas de ambulancias del hospital cercano, ladridos del perro del vecino), los botellones juveniles y las viviendas poco confortables.

2. *Causas familiares*

Nuestros ancestros tenían que superar todo tipo de problemas en sus relaciones con el resto de miembros del clan. Nosotros hoy estamos expuestos a una amplia gama de problemas con la pareja (matrimonio, enfermedad, muerte, divorcio) o con la familia (muerte de un pariente cercano, tener un nuevo hijo), la rebelión adolescente, cuidar de familiares enfermos crónicos o discapacitados (en especial si son hijos con cáncer), problemas con los amigos íntimos (enfermedad, muerte, discusión).

3. *Causas laborales*

En el Paleolítico también aprendieron a superar problemas relacionados con la jerarquía dentro del grupo y a realizar las tareas que se le encomendaban a cada cual. Hoy nos resentimos de un trabajo que consideramos excesivamente duro y de jornadas demasiado largas, de la insatisfacción laboral, el cambio de horarios del trabajo, el cambio de responsabilidad, el salario insuficiente, los problemas con el jefe o con los compañeros, la jubilación forzosa.

4. *Causas sociales*

En el Paleolítico, el aislamiento y la separación del grupo era la muerte. Y como consecuencia de ello, en la actualidad algunas situaciones sociales son desencadenantes poderosos de estrés pantostático. Entre ellas, la pobreza, las presiones financieras (hipotecas, préstamos), la discriminación sexual o racial, el paro, el aislamiento, la soledad, los cambios en la actividad religiosa o social, la falta de apoyo social y familiar, los problemas sexuales o el encarcelamiento.

5. Causas internas

La evolución de nuestro cerebro consiguió que nuestros ancestros sobrevivieran al permitirles prevenir, imaginar y recordar las situaciones que entrañaban un peligro para su vida. La versión moderna de esta adaptación evolutiva es la capacidad que tenemos para crear en nuestro cerebro situaciones de riesgo, que pueden responder a desencadenantes reales o ser imaginadas. Hay varios ejemplos al respecto: el diagnóstico de una enfermedad grave como el cáncer, la preocupación constante por todo, la actitud pesimista, el perfeccionismo, la baja autoestima, la autocrítica exagerada, las expectativas vitales y laborales poco realistas, la ira excesiva o no expresada, la pérdida de confianza en uno mismo.

La cuantificación del estrés pantostático

¿Cuál es la situación que más estrés desencadena? ¿Cuál puede provocar más daño a nuestra salud? Este es un tema complicado, pero vamos a adelantar un razonamiento simple. En medicina hay un aforismo que dice «no hay enfermedades sino enfermos». De la misma forma podríamos enunciar que «no hay situaciones de estrés sino personas que las sufren». Viajar en avión es para algunas personas una situación muy estresante, mientras que para otras es una actividad placentera.

La magnitud de la respuesta de estrés que origina un suceso determinado depende en gran medida de cómo afronte ese momento cada persona. Algunos autores clasifican el modo en que cada cual se enfrenta a las situaciones estresantes en: confrontación, distanciamiento, autocontrol, búsqueda de apoyo social o familiar, aceptación de la responsabilidad, huida o evitación, planificación y reevaluación positiva.

Se han elaborado diversas clasificaciones sobre la potencia de los agentes estresantes. Una de ellas es la clásica de Holmes, el Rahe Life Stress Inventory, que goza de gran aceptación y apunta como los diez sucesos más estresantes en las sociedades desarrolladas (está realizada para Estados Unidos) los siguientes: muerte del cónyuge, divorcio, separación matrimonial, estancia en prisión, muerte de un pariente

Tabla. La escala de puntuación del estrés psicosocial según Colmes y Rahe.

Muerte del cónyuge	100
Separación o divorcio	70
Proceso judicial o problemas legales graves pudiendo terminar en encarcelamiento	68
Muerte de un familiar cercano	65
Enfermedad o accidente que requiere guardar cama	55
Contraer matrimonio	50
Quedarse sin trabajo	47
Retiro laboral	45
Reconciliación con el cónyuge	45
Enfermedad de un miembro de la familia o mejoría marcada de una enfermedad crónica en un miembro de la familia	44
Rotura de un noviazgo o relación similar	42
Embarazo	40
Incorporación de un nuevo miembro a la familia	39
Muerte de un amigo	38
Cambio brusco de las finanzas familiares (en más o en menos)	38
Reajuste en la empresa o conflictividad laboral en la empresa en que trabaja	38
Cambio en el tipo de actividad laboral	38
Empréstito o hipoteca de más de seis mil euros	38
La esposa se queda embarazada	35
Cambio radical (en más o en menos) en el número de disputas familiares	35
Enamorarse o iniciar una nueva amistad íntima y profunda	34
El marido o la esposa pierde su empleo	33
Mudanza	32
Cambio de lugar de trabajo	31
Accidente o situación de violencia física	30
Un miembro de la familia deja de vivir en la casa familiar	30
La esposa comienza a dejar de trabajar fuera de casa	29
Peleas o desacuerdos con vecinos o familiares no residentes en la casa familiar (o desaparición de un estado de conflictividad habitual)	28
Éxito personal de gran envergadura	28
Exámenes	27
Promoción en el trabajo	27
Peleas o desacuerdos con colegas y compañeros de trabajo (o desaparición de un estado de conflictividad habitual)	26
Reformas en la casa (importantes)	25
Deterioro notable de la vivienda o del vecindario	25
Cambio en las costumbres personales (de salir, vestir, de estilo de vida, etc.)	24
Cambio importante en las horas o condiciones de trabajo	23
Cambio en las opiniones religiosas	22

Cambio en las opiniones políticas	22
Modificaciones en la vida social (en más o en menos) aparte de los posibles cambios en las costumbres o hábitos personales	20
Cambio en la manera o duración del sueño	18
Cambio en la frecuencia de reuniones familiares	17
Cambio en las costumbres alimenticias o apetito	16
Vacaciones fuera de casa	15
Fiestas de Navidad y Reyes o su equivalente	13
Problemas legales menores (incluyendo sanciones de tráfico)	11

cercano, enfermedad o lesión grave, matrimonio, quedarse sin trabajo, reconciliación matrimonial y jubilación forzosa.

Incluso han llegado a puntuar algunos de los sucesos más estresantes: muerte del cónyuge (100 puntos), divorcio (75 puntos), casamiento (50 puntos), embarazo (40 puntos), comprar una casa (31 puntos), fiestas de Navidad (13 puntos). También se han hecho clasificaciones de los trabajos más y menos estresantes. Según el Jobs Rated Almanac, los cinco trabajos más estresantes en Estados Unidos son: presidente del gobierno americano, bombero, ejecutivo de una empresa, piloto de coches de carrera y taxista.

TABLA. El siguiente test de estrés le puede dar una orientación aproximada acerca de si el entorno social o el estilo de vida que lleva le ocasionan grandes tensiones, que pueden ser peligrosas para su salud. Hay que responder «sí» o «no» a cada pregunta. Evaluación: Por cada «sí», la notación es de 2 puntos. Más de 20 puntos: está sometido a una gran tensión. Entre 10 y 20 puntos: está soportando una tensión moderada. Menos de 10 puntos: la tensión que sufre es ligera

– ¿No duerme toda la noche de corrido?
– ¿Siente dolores de cabeza con frecuencia?
– ¿Tiene problemas en su relación de pareja?
– ¿Ha fallecido recientemente algún familiar muy cercano?
– ¿Ha tenido problemas legales?
– ¿La vida le resulta una lucha?
– ¿Se ha mudado recientemente de domicilio?
– ¿Tiene problemas económicos?
– ¿Siente ansiedad e irritación durante todo el día?
– ¿Tiene problemas en el trabajo?

– ¿Ha padecido últimamente alguna enfermedad grave?
– ¿Tiene algún problema de índole sexual?
– ¿Trabaja en un lugar donde hay mucho ruido?
– ¿Ha cambiado últimamente de costumbres?
– ¿Está decaído y agotado?
– ¿Cree que la vida no merece la pena ser vivida?
– ¿Está comiendo más de la cuenta en los últimos meses?
– ¿Se ha distanciado de algún amigo?
– ¿Le preocupa su arreglo personal tanto como de costumbre?
– ¿Maneja su automóvil más de dos horas al día?
– ¿Tiene de vez en cuando reuniones que le alteran?
– ¿Tiene problemas de celos?
– ¿Ha tenido enfermedades de poca importancia recientemente?
– ¿Siente a veces que su cabeza va a estallar?

Para saber más

Los detalles de los mecanismos celulares que operan frente al estrés se pueden consultar en:

Dietmar Kültz, D. Molecular and evolutionary basis of the celular stress response. Annual Review of Physiology. 67: 225-257, 2005.

En el siguiente artículo pueden ampliar sus conocimientos acerca de la escala cuantificada de las 45 principales situaciones de estrés, que aún hoy se toman en consideración, al menos en la sociedad estadounidense.

Holmes, T.S., Rahe, R.H. The social readjutment rating scale. Journal Psychosomatic Research, 11: 213-218, 1976.

Respecto a los test para la evaluación del grado de afectación por una situación de estrés:

Schulkin, J. Allostasis, homeostasis and the cost of physiological adaptation. Cambridge University Press, Cambridge, 2004.

11

Mediadores y efectores del estrés pantostático

El modelo de respuesta que cualquier animal (incluidos nosotros mismos) pone en marcha ante una situación que amenaza su propia vida o sus posibilidades de reproducción —es decir, el estrés global o pantostático— incluye siempre las etapas que ya hemos considerado previamente: detecta la amenaza mediante unos receptores específicos, procesa la información en los centros cerebrales correspondientes, envía las señales a través de vías nerviosas y hormonales a los órganos y tejidos encargados de la respuesta defensiva —para lo que utiliza unos mediadores o mensajeros particulares— y elabora la respuesta global adecuada que lo prepara para sobrevivir a la agresión; para conseguirlo, participan numerosos órganos y sistemas.

Mediadores

Los principales mediadores del estrés pantostático son las catecolaminas y el cortisol. Las catecolaminas, adrenalina y noradrenalina, son los mediadores protagonistas que activan las principales reacciones de emergencia (sistema nervioso simpático). Llegan a todos los lugares del organismo, bien a través del sistema circulatorio o mediante los nervios del sistema nervioso simpático, y son los responsables de las reacciones de estrés que se ponen en marcha casi instantáneamente.

El cortisol actúa de forma más gradual. Se ocupa de hacer que dure la respuesta de estrés, de prevenir y de solucionar las consecuencias de los daños colaterales (heridas, fracturas, hemorragias o infecciones) y de generar en determinadas áreas cerebrales el recuerdo de la experiencia estresante.

Otros mediadores, como los mensajeros inflamatorios (citoquinas), la dehidroepiandrosterona o los opiáceos colaboran en el proceso y permiten una respuesta más eficaz frente a la agresión; como requieren una respuesta global, se involucra prácticamente a todos los órganos y sistemas.

Los mediadores de la respuesta al estrés pantostático actúan sobre una serie de órganos en los que activan numerosos mecanismos de defensa contra la agresión y sus consecuencias, y que varían según el tipo específico de amenaza, pero en general cumplen los siguientes objetivos:

1. Activar el sistema muscular para, según las circunstancias, conseguir uno de estos tres fines: luchar, huir o pasar desapercibido (hacerse el muerto).
2. Activar el sistema cardiocirculatorio, el sistema respiratorio y el metabolismo para proveer de oxígeno y de combustibles a los tejidos protagonistas de la defensa, sobre todo al cerebro, al corazón y a los músculos.
3. Poner en alerta los sistemas encargados de paliar las consecuencias negativas de la agresión hasta que el organismo logre recuperarse completamente: proteger contra un dolor excesivo; modular el sistema inmunológico para prevenir las infecciones o luchar contra ellas; alertar al sistema de coagulación para proteger contra las hemorragias; reorganizar el metabolismo para proporcionarle la energía necesaria que le permita recuperarse de posibles lesiones y sobrevivir; proteger frente a las inflamaciones.
4. Inhibir todas las actividades fisiológicas que no estén directamente involucradas en superar la agresión (digestión, reproducción).
5. Fijar el suceso en determinadas áreas del cerebro encargadas de la memoria a largo plazo para poder recordar el evento y así prevenirlo.

El cerebro

El cerebro es el órgano más importante a la hora de percibir una situación potencialmente peligrosa y organizar la respuesta defensiva (estrés). Es el centro de control que recibe toda la información. En cuanto el cerebro percibe la amenaza a través de los receptores, desencadena las respuestas psicológicas y fisiológicas necesarias para la supervivencia, lo que constituye el estrés pantostático.

Se produce durante el estrés un aumento de la actividad cerebral global, un aumento de la atención. Todos podemos percibir cómo, ante una situación de emergencia, se dilatan las pupilas. Esta es una consecuencia de la estimulación simpática para que la visión mejore, aun en la oscuridad. Prácticamente todo el cerebro se pone en estado de máxima alerta. Para ello, las neuronas necesitan aumentar su consumo de energía y precisan un mayor aporte de glucosa y oxígeno.

Aunque la respuesta del cerebro es global, existen algunas estructuras que juegan un papel preponderante. Además del hipotálamo, que ya vimos que es el gran centro coordinador de la respuesta de estrés, dos estructuras cerebrales cobran especial importancia en el estrés pantostático: el hipocampo y la amígdala.

El hipocampo se localiza en el lóbulo temporal del cerebro (dentro del cráneo, justo por encima de las orejas) y juega un papel fundamental a la hora de memorizar e interpretar las circunstancias que concurren en el suceso estresante, además de controlar los niveles de mediadores, fundamentalmente el cortisol. El recuerdo de una situación estresante que se ha sufrido con anterioridad influencia la capacidad de anticipar la magnitud y el tipo de respuesta de estrés. Ese perro que nos asustó mucho la primera vez que pasamos trotando por su lado y se abalanzó sobre nosotros, ahora no nos causa tanto miedo porque recordamos que está amarrado con una gruesa cadena: este recuerdo se almacena en el hipocampo.

La amígdala está formada por varios grupos de neuronas en la parte más profunda del lóbulo temporal. Juega un papel muy importante en el procesamiento y en el recuerdo de reacciones emocionales. El núcleo central está involucrado en el comienzo de las respuestas al miedo, incluida la paralización, la taquicardia, el incremento del ritmo de la respiración y la liberación de hormonas del estrés.

Los lóbulos prefrontales son el sustrato anatómico para las funciones ejecutivas del cerebro, que son las que nos permiten dirigir nuestra conducta hacia un fin. Estas funciones son la atención, la planificación, la secuenciación y la reorientación sobre nuestros actos. Los lóbulos frontales también están muy implicados en los componentes motivacionales y de conducta del sujeto.

Los mediadores del estrés modulan la función cerebral porque actúan tanto en lo funcional como en lo morfológico, ya que pueden modificar la estructura de algunas neuronas y de sus conexiones. Son los fenómenos de neurogénesis y de remodelación neuronales. Algunas estructuras, como el hipocampo, la amígdala y la corteza prefrontal, pueden remodelar su morfología y su función a consecuencia del estrés.

Hoy sabemos que el cerebro no es un tejido inconmovible, sino que sufre cambios estructurales: algunas neuronas mueren, otras nacen, se suprimen algunas conexiones entre neuronas, se crean nuevas conexiones. A estos fenómenos se les llama plasticidad neuronal y son la base, entre otros, del aprendizaje en general y, por supuesto, del aprendizaje y recuerdo de las situaciones estresantes vividas.

La adrenalina y sobre todo el cortisol juegan un papel esencial en la regulación de la plasticidad cerebral, sobre todo en relación con el estrés. Actúan sobre algunas estructuras cerebrales, como la amígdala, para crear la memoria emocional de los sucesos desencadenantes del estrés, y son responsables de que se recuerde con todos los detalles emocionales aquellas situaciones o lugares potencialmente peligrosos que se deben evitar. Por ello, la cantidad y la cualidad de la respuesta de estrés dependen mucho de la interpretación del cerebro. Existen numerosas diferencias individuales a causa de los factores genéticos, fisiológicos y psicológicos (personalidad, experiencia previa).

El músculo

Ya hemos reiterado que, en la naturaleza, la respuesta primaria más eficaz frente a una amenaza global o pantostática es la contracción muscular (movimiento de huida, movimiento de lucha o hacerse el muerto), que juega un papel central en la respuesta de estrés. Para contraerse con eficacia, el músculo necesita recibir un aporte extra de combustible y de oxígeno para poder quemar ese combustible. Además, requiere un buen sistema de limpieza que retire pronto todos los desechos generados por tanta actividad metabólica.

Todo ello contribuye a que los músculos estén disponibles para realizar su trabajo contráctil de manera casi instantánea. Gran parte de los procesos fisiológicos y metabólicos que se ponen en marcha frente a un estrés pantostático tienen por finalidad servir a una más eficaz contracción muscular. Los mediadores del estrés pantostático favorecen una dilatación de los vasos sanguíneos que nutren los músculos y activan diversos enzimas y sistemas metabólicos de transporte, y además producen cambios en la contractilidad y la fuerza de la contracción del músculo. Estas acciones explican cómo hay personas que sacan una fuerza muscular extraordinaria ante una situación de emergencia grave. También son la justificación de realizar un «calentamiento» previo antes de empezar alguna actividad deportiva que requiera un gran esfuerzo muscular.

El corazón

Para aportar el oxígeno y los nutrientes y para retirar los productos de desecho que se generan en ese metabolismo aumentado, en especial el CO_2, la sangre tiene que circular a mayor velocidad por el organismo, sobre todo por el cerebro y por los músculos, que son los órganos más implicados en la reacción de defensa frente a la amenaza global.

La clave está en hacer trabajar más a la bomba cardiaca. La activación del sistema nervioso simpático aumenta las catecolaminas que actúan sobre el marcapasos cardiaco, que es el centro de control de la actividad cardiaca, y también actúan sobre la propia fibra muscular cardiaca, el miocardio. Como resultado, se acelera el ritmo cardiaco (taquicardia) y aumenta la fuerza de la contracción (contractilidad); en consecuencia, aumenta la cantidad de sangre que lanza el corazón cada minuto (volumen minuto).

El sistema circulatorio

Esta sangre que ahora circula a más velocidad debe llegar a todos los tejidos que la necesitan para organizar la defensa del organismo frente a la amenaza. El aumento del tono simpático respecto al tono parasimpático redistribuye el flujo sanguíneo: aumenta el flujo de sangre al cerebro, al músculo y al corazón. Se reduce la irrigación sanguínea del riñón, del aparato digestivo y de la piel (vasoconstricción cutánea, la palidez del rostro cuando nos llevamos un susto). El riñón reduce su ritmo de filtración y de fabricación de orina, lo que hace que se retenga agua, por si es necesario reponer el volumen de líquidos en caso de hemorragia o deshidratación. Además, el riñón pone en marcha un sistema muy potente a través de una hormona, la angiotensina II, que aumenta la cantidad de sangre que lanza el corazón cada minuto (volumen minuto cardiaco), y aumenta por tanto la presión arterial. En toda situación de estrés pantostático, siempre hay un incremento, mayor o menor, de la presión arterial.

Aparato respiratorio

En una situación de estrés se necesita captar más oxígeno y eliminar el exceso de CO_2, y también refrigerarse del exceso de calor que se produce en la contracción muscular. Cuando se activa el sistema simpático, se acelera el ritmo respiratorio (taquipnea) y se dilatan los tubos (bronquios) que conducen el aire al interior de los pulmones (broncodilatación). Esta acción del simpático es la base de casi todos los fármacos broncodilatadores (simpaticomiméticos) que se utilizan para tratar las crisis asmáticas, como ya hemos comentado.

Metabolismo

La respuesta del estrés global precisa un gran aumento del gasto metabólico. El organismo reorganiza su metabolismo sobre todo gracias a la influencia de la activación simpática y del cortisol. Fundamentalmente se trata de movilizar combustibles desde sus depósitos, sobre todo glucosa y ácidos grasos, para atender a las demandas del organismo. Las rutas metabólicas que se activan son similares a las que operan en el ayuno; al fin y al cabo, es una forma de estrés alostático.

Vemos que la emergencia ante una amenaza global exige un cambio general de nuestro metabolismo, que pasa de una situación *anabólica*, de reposo, de tranquilidad, de alimentación, propiciada por el parasimpático, a una situación *catabólica*, de acción, de consumo, de producción de energía, propiciada por el simpático y otros mediadores de estrés.

Piel

El sistema simpático estimula que se contraigan los músculos piloerectores y se erice el vello. Esta respuesta es muy importante en aquellos animales con el cuerpo cubierto de pelo, ya que aumenta su tamaño (efecto disuasorio) y con ello logran amortiguar los golpes. En el ser humano, este mecanismo es responsable de la llamada «piel de gallina» que se da tanto en el estrés homeostático por frío, como en el estrés pantostático. El simpático aumenta la sudoración, sobre todo la apocrina (responsable del olor corporal). También se produce vasoconstricción cutánea que ahorra sangre para los músculos y el cerebro. Esta es la razón de la palidez de la piel de la cara en situaciones de estrés pantostático y la frialdad en partes distales, como la piel de las manos y de los pies.

Dolor

El dolor es un mecanismo de defensa; es una forma eficaz de informarnos de que algo no va del todo bien en nuestro organismo. Pero el dolor excesivo puede ser tan dañino que puede ocasionar la muerte. Por eso, toda situación de gran estrés produce analgesia, que se puede prolongar hasta una hora tras la agresión. Es el caso del soldado al que le hieren de un disparo y solo siente un golpe, pero no dolor hasta un tiempo después. Esto se debe a la puesta en marcha de diversos sistemas analgésicos que evitan que el dolor sea excesivo, solo lo justo para que sea de utilidad. Estos mecanismos pueden llegar a ser tan eficaces que, en ocasiones, llegan a suprimir todo el dolor.

Sistema inmunológico

El sistema inmunológico tiene, entre otras funciones, la de defendernos de la presencia de agentes o moléculas extrañas en nuestro organismo. Está formado por un complejo conjunto de tejidos y órganos (timo, ganglios linfáticos, amígdalas, apéndice, bazo), por una variada dotación de células (leucocitos, linfocitos, macrófagos, etc.) y por varios tipos de moléculas defensivas (inmunoglobulinas, citoquinas).

El sistema inmunológico está controlado tanto por el sistema simpático como por el cortisol, aunque hay ciertas diferencias en la actuación de ambos mediadores. El estrés agudo ayuda al sistema inmunológico a hacer su trabajo y realmente favorece que las células abandonen los vasos sanguíneos para atacar y neutralizar a los patógenos invasores (un zarpazo de un tigre siempre introduce gérmenes muy peligrosos en las heridas producidas).

Sin embargo, el estrés crónico provocado por el exceso reiterado de moduladores de estrés, sobre todo de cortisol, reduce la actividad del sistema inmunológico. No se puede tener este sistema permanentemente estimulado, ya que causaría más daño que beneficio. Esta disminución de la actividad del sistema inmunológico la produce sobre todo el exceso de cortisol, que disminuye la inmunidad humoral y celular, y reduce tanto la proliferación de las células inmunocompetentes como la producción de las inmunoglobulinas. Esta acción natural del cortisol se utiliza terapéuticamente para inducir inmunosupresión en los trasplantados y evitar el rechazo inmunológico del injerto. Y también es tratamiento de elección en aquellas enfermedades causadas por una activación excesiva del sistema inmunológico (asma, alergias) y en las enfermedades autoinmunitarias, cuando el sistema inmunológico se vuelve contra el propio organismo.

Acción antiinflamatoria

La inflamación aguda es la respuesta del organismo ante alguna lesión (golpe, fractura, invasión de gérmenes). El proceso inflamatorio implica a numerosas moléculas y a algunos tipos celulares, todo ello estimulado por una serie de mediadores de inflamación. Sin embargo, si esta respuesta es excesiva, puede causar más daño que beneficio. Por esa razón, el cortisol que se libera en el estrés ejerce un efecto antiinflamatorio: modula la respuesta de los mediadores proinflamatorios como la histamina, las citoquinas y las prostaglandinas, y permite que la reacción inflamatoria sea la precisa para producir beneficios al organismo sin que su exceso cause daño. De ahí el bien conocido efecto antiinflamatorio del cortisol y sus derivados.

Ya veremos más adelante que uno de los mecanismos que causa más daño en las situaciones de estrés pantostático crónico es la llamada inflamación sistémica, una especie de estado inflamatorio generalizado.

Sistema de la coagulación

La naturaleza prevé que la supervivencia frente a una amenaza global puede implicar salir del embate con alguna herida y ello significa, entre otras cosas, la pérdida de sangre. Con el fin de solucionar rápidamente las posibles hemorragias que resulten de la agresión, las reacciones del estrés incluyen una estimulación de los sistemas que aceleran la coagulación de la sangre, como el fibrinógeno, las plaquetas y otros factores de la coagulación. Esto ocasiona que en algunas situaciones de estrés crónico la persona sufra un estado de hipercoagulación que favorece que se formen coágulos y trombos dentro de sus vasos sanguíneos.

Reproducción

Ante cualquier emergencia, el cerebro, además de poner en marcha las reacciones defensivas del individuo, suprime todas las funciones que no sean imprescindibles para superar esa amenaza, entre ellas la reproducción.

Frente a un estrés pantostático, algunas señales hormonales y nerviosas generadas en el hipotálamo producen en la hipófisis una inhibición de la secreción de hormonas liberadoras de gonadotrofinas LH y FSH, tanto en la mujer como en el hombre. Estas hormonas sirven principalmente para estimular y mantener la función reproductora de las gónadas (producción de espermatozoides y liberación de óvulos) y para estimular la producción de hormonas sexuales. Mientras persiste la situación de estrés, disminuyen los niveles de gonadotrofinas, se produce una inhibición gonadal y en consecuencia una reducción de la libido y de la fertilidad. Además, el estrés pantostático crónico es una de las causas fundamentales de disminución del deseo sexual y de la disfunción eréctil en el hombre.

Función digestiva

Ya hemos visto mediante algunos ejemplos que el estrés agudo paraliza las funciones del aparato digestivo. Se trata de suprimir una actividad que consume muchos recursos energéticos y que en ese momento no contribuye a nuestra supervivencia. Ante una emergencia física o psicológica, el cerebro ordena que el sistema nervioso simpático tome las riendas de nuestro organismo y de su defensa, y lo primero que tiene que hacer es suprimir la actividad de su oponente, el sistema parasimpático, que es el que controla la función digestiva.

Si una persona acaba de comer y recibe un disgusto o vive un momento de miedo, la merma en la actividad del sistema parasimpático produce una inhibición inmediata de las secreciones digestivas. Percibimos una saliva seca y espesa (simpática) en lugar de una saliva fluida y abundante (parasimpática). Se cierran los esfínteres, que son los orificios que comunican las diferentes partes del aparato digestivo, y se paralizan todos los movimientos digestivos. Percibimos entonces una sensación molesta de pesadez y malestar que solemos denominar «corte de digestión». En la mayoría de estas situaciones, el organismo, cuando ha superado la fase inicial de estrés, no es capaz de reiniciar el proceso digestivo que se ha interrumpido y opta por desembarazarse de los alimentos a medio digerir, desencadenando una sensación de malestar con sudor frío y postración (crisis vagal, parasimpática) y la estimulación del vómito.

Mientras escribo estas líneas me llega la noticia del fallecimiento de un joven sano y fuerte, justo en la orilla del mar en el que se había metido tras degustar una copiosa comida en un chiringuito de la playa. Esta es una consecuencia extrema de lo que estamos comentando. En plena digestión, con un predominio parasimpático y casi toda la sangre localizada en su aparato digestivo, el estrés pantostático que ha desencadenado la sensación repentina del agua fría activa el simpático. El fallo de las respuestas de reorganización de los flujos sanguíneos le ha conducido a la muerte.

Para saber más

Las dos caras de los mediadores del estrés se tratan en las siguientes revisiones. Los mediadores primarios de la respuesta de estrés, los glucocorticoides y las catecolaminas, ejercen tanto acciones beneficiosas como dañinas para el organismo.

Bruce, S., McEwen, B.S. Protective and Damaging Effects of Stress Mediators. New England Journal Medicine. 338:171-179, 1998.

—, Allostasis and Allostatic Load: Implications for Neuropsychopharmacology. Neuropsychopharmacology. 22: 108-124, 2000.

Rhen, T. y Cidlowski, J.A. Antiinflamatory action of glucocorticoids. New mechanisms for old drugs. New England Journal Medicine. 353: 1711-1721, 2005.

12

¿Cómo el estrés pantostático puede causar enfermedad?

Estrés pantostático y enfermedad

Numerosos estudios clínicos, epidemiológicos y de experimentación animal muestran que las respuestas de estrés pantostático, cuando son reiteradas o excesivas, o cuando se cronifican y obligan a que el organismo desencadene la respuesta de estrés con excesiva frecuencia, a la larga acaban produciendo una enfermedad grave que puede causar la muerte. La respuesta global, pantostática, activa tal cantidad de mediadores hormonales y nerviosos, pone en marcha tantos mecanismos, implica tal gasto de energía, que siempre supone un desgaste para el organismo. Cuando la amenaza es puntual, no excesiva y no se reitera en periodos cortos de tiempo, el organismo se recupera bien del estrés y logra en poco tiempo volver a su estado basal. Pero hay circunstancias en las que no es posible volver a la normalidad. Esto puede ocurrir por diversos mecanismos.

A veces el evento amenazante es de tal magnitud que se dañan de forma irreversible las estructuras internas, sobre todo cerebrales. Esto puede suceder en situaciones traumáticas intensas, como sobrevivir a un atentado terrorista, escapar de un secuestro o resultar ileso de un accidente de tráfico mientras hemos visto cómo un familiar moría a nuestro lado. Es frecuente que las consecuencias negativas de estas situaciones de estrés límites sean irreversibles o persistan durante años a pesar de los tratamientos.

Otras veces, el agente estresante es de gran intensidad y además persiste en el tiempo. En estos casos, día a día y durante meses nuestro organismo soporta niveles elevados de mediadores de estrés que van minando las estructuras corporales y acaban produciendo una enfermedad. Un ejemplo característico es el de una persona que tiene que cuidar durante años de un familiar enfermo de cáncer o aquejado de una grave discapacidad.

A veces ocurre que una persona está sometida a situaciones estresantes repetidas cada día y que le afectan casi de manera continua. Por ejemplo una joven que se ve sometida al acoso sexual de un compañero de oficina. Cada vez que sufre el acoso, se desencadena en ella una situación de estrés y un aumento de la producción de mediadores que, en principio, vuelven a sus niveles basales una vez pasado el peligro. Pero ella rememora en su domicilio (rumia) una y otra vez la secuencia que la ha perturbado ese día en la oficina y, cada vez que imagina esa escena de acoso en la habitación de la fotocopiadora de la empresa, en su organismo se vuelve a poner en marcha todo el mecanismo de estrés y la consiguiente elevación de mediadores. Esto a veces implica que la persona afectada viva permanentemente en situación de estrés.

Como Marius Tausk, vamos a utilizar la paradoja del bombero. Puede declararse un incendio en nuestra casa, llega el bombero y utiliza el agua necesaria para extinguir el fuego; el daño ha sido mínimo y nuestro hogar vuelve enseguida a la normalidad (estrés pantostático agudo leve). Pero si al bombero se le va la mano con el agua puede causar más destrozos de los que hubiera ocasionado el pequeño fuego que provocó el brasero eléctrico (exceso de mediadores de estrés). También se nos puede arruinar la casa, aunque el bombero utilice el agua con prudencia, si cada día se prende algo en ella (estrés pantostático crónico). Y, por supuesto, las consecuencias tanto del fuego como del agua utilizada en su extinción van a depender mucho de los materiales con los que esté construida nuestra casa (características genéticas y psicológicas del individuo).

En resumen, los tres factores fundamentales que permiten que un estrés cause enfermedad son: el exceso de liberación de mediadores, la actuación persistente de los mediadores de estrés y la susceptibilidad personal. Hay personas capaces de resistir situaciones de estrés con un mínimo desgaste de salud y en cambio otras claudican frente al menor contratiempo. Este comportamiento particular de cada organismo depende de características constitucionales (genéticas) y adquiridas (experiencias previas y aprendizaje).

La cara negativa de los mediadores del estrés

Ya hemos comentado que quienes habitamos países desarrollados apenas estamos sometidos a situaciones de estrés que puedan ocasionar la pérdida de la vida. Como excepción, aquellas provocadas por accidentes de tráfico, laborales o domésticos, por homicidios, por atentados terroristas, entre otros. En estos casos, a pesar de que aparecen muchas veces en los medios de comunicación, en las sociedades desarrolladas afectan diariamente a una pequeña parte de la población. Pero todos estamos sometidos a situaciones estresantes de la vida cotidiana que nuestro cerebro interpreta como de alto riesgo, tanto para nuestra supervivencia como para nuestra capacidad de reproducción, y en consecuencia pone en marcha la gama completa de respuestas de estrés.

La gacela del ejemplo del principio del libro responde ante un estrés si sus receptores externos (sentidos) lo detectan y le informan adecuadamente de la situación real de peligro. Pero nuestro gran cerebro de seres humanos nos juega malas pasadas imaginando, presintiendo, recordando, evocando y magnificando situaciones de estrés reales o ficticias.

Casi nunca se produce una circunstancia en la que hay una situación de gran emergencia que pueda causar daño real para nuestra vida o para nuestra capacidad de reproducción. Casi siempre lo que nos enferma y nos mata es el exceso de respuestas frente a esos pequeños sucesos que nos alteran (el vecino que siempre pone la bolsa de basura sin cerrar delante de nuestra puerta); es el estrés de baja intensidad, reiterado y constante, el estrés crónico. ¿Qué es lo que hace que este estrés sea tan nocivo para nuestra salud?

Ya vimos que los mediadores del estrés sirven para poner en marcha unos mecanismos de defensa que nos salven de la situación crítica que los activó. Sin embargo, estos mediadores pueden ejercer efectos

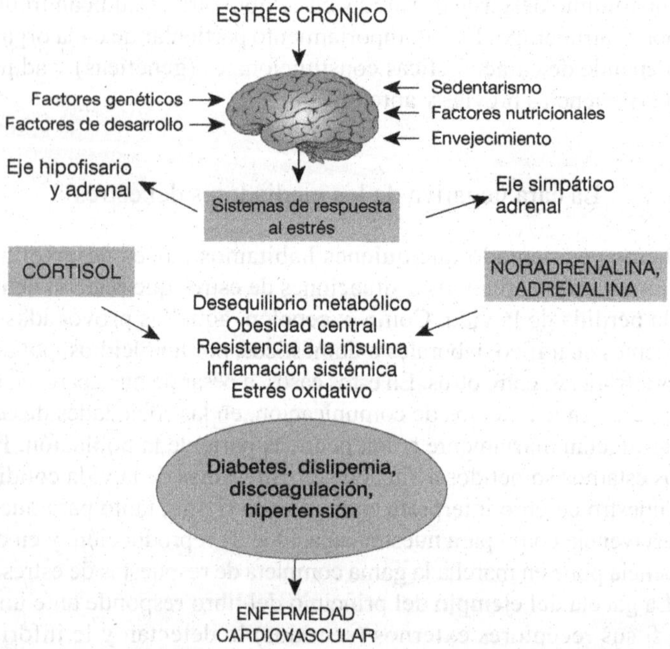

FIGURA. El estrés crónico, en colaboración con los factores de predisposición, es uno de los principales desencadenantes del síndrome cardiometabólico y de sus consecuencias metabólicas y cardiovasculares.

perjudiciales cuando su aumento se prolonga en el tiempo o sucede de forma reiterada (cronificación) o la respuesta es de una magnitud desproporcionada (disregulación).

Veamos un ejemplo. Supongamos una mujer que trabaja en una empresa de inversiones en bolsa. Durante su jornada laboral está continuamente sometida a situaciones difíciles que requieren la toma de decisiones arriesgadas que pueden poner en peligro el dinero de su cliente y, por supuesto, su propio trabajo. Cada vez que mira el monitor de cotizaciones y hay un descalabro bursátil, su organismo reacciona poniendo en marcha los mediadores de estrés. Uno de esos mediadores es la adrenalina. Esta hormona acelera el ritmo cardiaco, produce taquicardia y activa otra serie de mediadores (angiotensina II) que elevan la presión arterial. A la larga, su organismo se habitúa a vivir con una presión arterial mayor de lo normal. Esto ocasiona que el corazón tenga que lanzar sangre contra una mayor presión y para vencer este obstáculo acaba haciéndose más grande. En esa hipertrofia cardiaca por estrés aumenta mucho la masa muscular del corazón, pero no la vascularización, de tal forma que el corazón hipertrófico no está bien irrigado de sangre, pues tiene mucha masa, lo que puede ocasionarle una angina de pecho o una crisis cardiaca.

El conjunto de problemas de salud que puede causar un exceso de mediadores de estrés son: metabólicos (síndrome metabólico, diabetes, obesidad), cardiovasculares (aterosclerosis, crisis cardiaca, ictus cerebral), inmunológicos (bajas defensas, aumento de infecciones), degenerativos (cáncer, aceleración del envejecimiento), psicológicos (demencia, depresión, trastornos afectivos, ansiedad). Al final, estas alteraciones agravan o desencadenan diversos síntomas, entre los que destacan: dolor crónico, migrañas, úlceras, taquicardia, hipertensión, problemas cardiacos, diabetes, asma, obesidad, hiperlipidemia, impotencia, infertilidad, enfermedades autoinmunitarias (asma, alergias, colitis), problemas de piel, retraso del crecimiento en niños y el cáncer.

En muchos casos, son los propios mediadores los que actúan directamente sobre determinadas células o tejidos para producir la alteración, pero en otras ocasiones el mecanismo con el que dañan es estimulando de manera secundaria la producción de otras sustancias. El caos hormonal y nervioso que se produce en el estrés pantostático crónico casi siempre desencadena dos situaciones que afectan a nuestra salud y que constituyen el sustrato base para desarrollar otras alteraciones: la alteración metabólica, el estado prooxidante y el estado inflamatorio sistémico.

Medida de los niveles de mediadores del estrés

La mejor manera de diagnosticar si estamos padeciendo una situación de estrés es medir los niveles de mediadores de estrés, como el eje hipotálamo-hipófisis-adrenal y el sistema nervioso autónomo. Estos son los sistemas que generan la mayor parte de los mediadores de estrés que afectan a nuestra salud. Dan una orientación suficiente sobre su exceso las siguientes determinaciones:

1. Valores de DHEA –S en suero. Ya sabemos que esta hormona antagoniza muchos de los efectos perjudiciales del cortisol. Sus valores (μmol/L) deben estar entre 6 y 7 en hombres y en torno a 5 en mujeres.
2. Secreción urinaria de cortisol libre durante la noche (12 horas). Esta es una medida integrada de la secreción nocturna de cortisol, que en circunstancias normales es cuando el organismo produce menos cortisol. Los valores no deben sobrepasar los 27,7 mg/g de creatinina.
3. Niveles de cortisol durante el día. Existen muchas técnicas para evaluar si nuestro organismo produce un exceso de este mediador de estrés. En unas se utilizan muestras de sangre, en otras, muestras de saliva. Los resultados deben ser interpretados por el especialista, ya que varían mucho con la hora y en las condiciones en que se hizo la prueba.
4. Secreción urinaria nocturna (12 horas) de noradrenalina y adrenalina, que no deben superar 48 y 5 mg/g de creatinina respectivamente. Es un parámetro que evalúa de manera integrada la actividad del sistema nervioso simpático.

Para cualquier persona que muestre valores excesivamente elevados de estos mediadores y que no padezca ninguna enfermedad endocrina, el diagnóstico puede ser estrés crónico.

Estrés oxidativo

La elevación crónica de mediadores de estrés pantostático puede incrementar la producción de agentes oxidantes (radicales libres de oxígeno) y desencadenar un estrés oxidativo. Los radicales libres descontrolados bombardean las estructuras celulares y oxidan moléculas esenciales para la vida.

Una de las dianas de los radicales libres son las moléculas de ADN. Los radicales libres alteran su estructura originando mutaciones que pueden ocasionar alteraciones graves, sobre todo si la situación de estrés se prolonga durante largos periodos de tiempo. Uno de los efectos de estas lesiones del material genético es que pueden ser el origen de una transformación tumoral de las células afectadas. El estrés oxidativo crónico es una conocida causa de cáncer.

Los radicales libres también atacan otra estructura fundamental del material genético: los telómeros. Como ya veremos más adelante, estas estructuras protegen los extremos de los cromosomas del desgaste continuo que impone la constante división celular; funcionan, a nivel del ADN, como esas fundas metálicas que protegen la punta de los cordones de los zapatos para que no se deshilachen. Y son muy vulnerables a la acción de los radicales libres. Por esta razón, el exceso de agentes oxidantes que se produce durante el estrés oxidativo crónico acorta los telómeros y acelera el proceso de envejecimiento.

Los radicales libres de oxígeno también atacan a las proteínas alterando su estructura y modificando su función, de lo que resulta que la función celular queda alterada. Los lípidos polinsaturados son también muy susceptibles al ataque oxidativo y se produce la lipoperoxidación (el enranciamiento de nuestras propias grasas) de las estructuras lipídicas, que altera la estructura y la función de estas moléculas.

Una de las relaciones más interesantes entre oxidación, lípidos y envejecimiento se observa en el mecanismo por el que se deposita el colesterol dentro de la pared de las arterias. Esto ocasiona, como ya hemos visto, la aterosclerosis, que con el tiempo desemboca en enfermedad cardiovascular. Para que el colesterol se pegue a las arterias, tiene que viajar por la sangre transportado por un vehículo llamado lipoproteína LDL. Por eso a este colesterol se le califica como colesterol malo (es el que se deposita en las arterias). Pero lo que hoy sabemos es que para que estas LDL puedan penetrar en el interior de las arterias, depositar allí su colesterol y que comience a formarse el temible ateroma, es preciso que estas LDL se oxiden, cosa que provocan los radicales libres de oxígeno. Cuanto mayor sea nuestro nivel de antioxidantes, menor será el grado de oxidación de las peligrosas LDL.

Por eso, los antioxidantes previenen la enfermedad cardiovascular y sus consecuencias, como el ictus o el infarto de miocardio.

El estrés oxidativo ejerce una especial influencia negativa en el cerebro y puede acelerar la producción de enfermedades neurodegenerativas. De especial importancia es el efecto protector de la hormona DHEA, que previene la oxidación de las neuronas y bloquea la neurotoxicidad del cortisol.

Los agentes antioxidantes

Hay dos tipos de sistemas que se encargan de mantener a raya a los radicales libres de oxígeno: los antioxidantes enzimáticos y los antioxidantes alimentarios.

Los sistemas enzimáticos son antioxidantes endógenos que están presentes en casi todas las células del organismo y cuya actividad está determinada sobre todo por factores genéticos. Uno de los escasos mecanismos mediante el cual podemos aumentar las actividades de nuestros sistemas enzimáticos antioxidantes es el ejercicio aeróbico (andar, trotar, montar en bicicleta). Esto lo demostramos en el Departamento de Fisiología de la Universidad de Extremadura hace años, en un estudio para el que solicitamos la colaboración de ciclistas profesionales durante varias vueltas ciclistas, incluida la vuelta ciclista a España. Estos deportistas, aunque produzcan muchos radicales libres por el enorme esfuerzo que realizan durante varias horas cada día, también activan sus defensas enzimáticas que ejercen sus efectos antioxidantes las 24 horas del día.

Nuestro estudio puso de manifiesto un detalle que hay que tener muy en cuenta en lo que se refiere al ejercicio físico y al estrés oxidativo. Cuando se hace ejercicio físico de forma habitual, preferentemente de tipo aeróbico (andar, trotar, montar en bicicleta), como mínimo cuatro veces a la semana y una hora cada vez, el organismo siente que al hacer ejercicio físico aumentan las oxidaciones y, por tanto, la producción de ese subproducto obligado que son los radicales libres. En consecuencia, intenta defenderse y aumenta la expresión de los genes encargados de la síntesis de los enzimas antioxidantes, que aumentan su actividad. En nuestro estudio, tanto en los ciclistas profesionales como en los individuos no profesionales que hacían ejercicio habitualmente se vieron aumentadas las defensas antioxidantes enzimáticas. Esta protección no solo les servía durante el ejercicio físico, sino también durante el resto del día.

Pero si usted es de esas personas que el único ejercicio que realiza es durante los fines de semana, está poniendo en grave peligro su equilibrio oxidativo. Durante ese esfuerzo de fin de semana (cavar en el huerto de la parcela, hacer cien kilómetros en bicicleta con los amigos, ese partido de pádel), usted genera muchos radicales libres, como cada vez que se consume oxígeno, pero carece de las defensas enzimáticas antioxidantes para neutralizarlos; es decir, cada sobreesfuerzo dominguero es un estrés oxidativo con el que castiga a su cuerpo. El ejercicio esporádico no es nada saludable si es intenso.

En conclusión, para disponer de una adecuada protección frente a los radicales libres de oxígeno que se generan en tantas situaciones de estrés crónico, además de hacer todos los días algo de ejercicio, debemos programar nuestra alimentación para que cada día haya una buena representación de algunos alimentos que contengan abundantes agentes antioxidantes.

El diagnóstico del estrés oxidativo es complejo, no solo porque requiere realizar diversas mediciones, muchas de ellas fuera de las posibilidades de cualquier laboratorio clínico, sino también por la dificultad de interpretar los resultados. Se pueden evaluar los daños ocasionados por el exceso de radicales libres por ejemplo midiendo la tasa de oxidación de las grasas corporales (lipoperoxidación) o midiendo la producción de malondialdehído (MDA) y tiobarbituratos (TBARS). También se puede evaluar el daño de los radicales libres sobre el colesterol malo, la oxidación de las LDL (LDL oxidadas) y las proteínas oxidadas. Asimismo, puede medirse la actividad de los principales enzimas antioxidantes, como superóxido dismutasa, catalasa y glutatión peroxidasa, y determinar, mediante técnicas colorimétricas, la capacidad antioxidante del plasma sanguíneo.

La inflamación sistémica

Antes de adentrarnos en este novedoso e importante asunto, que está en la base que subyace a la mayor parte de las situaciones de estrés pantostático crónico, conviene aclarar que existen dos tipos fundamentales de inflamación.

Si nos damos un golpe en una mano, sentimos dolor de manera inmediata y casi enseguida comienza a hincharse la zona golpeada. Si se nos pica una muela, el dolor es muy intenso y nos sale un molesto flemón. Estos dos ejemplos son manifestaciones de la llamada inflamación local, que es un mecanismo de protección frente a infecciones, traumatismos o quemaduras. Las señales químicas y nerviosas que se originan desde el foco afectado organizan una defensa que consiste en el aumento del flujo sanguíneo que llega a la zona (enrojecimiento y calor), la salida de líquidos y células defensivas (edema), el ataque de las células inmunológicas a los posibles enemigos invasores (pus) y la inmovilización de la zona (dolor) para que las defensas actúen mejor. Esta inflamación localizada, generalmente aguda, desaparece una vez que se soluciona el problema que la desencadenó y apenas causa daños importantes al resto del organismo.

Otra cosa es la inflamación general o sistémica. Se trata en este caso de un proceso inflamatorio crónico y generalizado que actúa en todo el organismo de una forma lenta y silenciosa dañando estructuras vitales como las arterias, el músculo cardiaco, las células pancreáticas, etc. Se le ha llamado por eso el «asesino silencioso» (una portada de la revista *Time* lo denominaba *The secret killer*). En este caso, numerosas alteraciones, muchas de ellas asociadas al envejecimiento y a situaciones de estrés pantostático crónico, producen de manera constante y continua una serie de moléculas proinflamatorias (citoquinas) que día a día van afectando a numerosos tejidos y órganos.

Para valorar el grado de estado inflamatorio que padecemos podemos recurrir a dos marcadores muy precisos: la interleuquina 6 (IL-6) y la proteína C reactiva (PCR).

Es evidente que la mejor manera de combatir la inflamación sistémica es atajar sus causas, es decir, evitar que se desencadene un estrés pantostático crónico, o tratarlo adecuadamente una vez instaurado. Pero mientras tanto, algunas medidas nutricionales pueden ser de gran ayuda. Los mediadores que estimulan o inhiben el proceso inflamatorio son numerosos, aunque destacan tres grupos de lípidos: las prostaglandinas, los leucotrienos y los tromboxanos. Bueno, ya puede olvidar estos nombres, solo quédese con la información de que todos ellos derivan de grasas poliinsaturadas de la dieta: grasas omega 3 y grasas omega 6.

Lo ideal para la salud es que ambos tipos de grasa estén en una proporción adecuada. La proporción ideal entre omega 6/omega 3 es de 5/1, que es la que presenta la leche materna. Los japoneses, la población con mayor esperanza de vida, consumen estas grasas en una proporción 4/1, mientras que la proporción en la dieta de Estados Unidos es de 16/1.

Desde un punto de vista práctico, es muy difícil andar llevando la cuenta de todas las grasas que comemos para ver si estamos en la proporción correcta. Lo más sencillo es procurar comer cada día algún alimento rico en omega 3 para garantizar que en el cómputo general de la semana cumplamos la proporción más beneficiosa.

¡Una advertencia! No consuman las grasas omega 3 en comprimidos ni en alimentos que no las contengan de forma natural. Es contraproducente. Las grasas poliinsaturadas, debido a su estructura química peculiar (la insaturación), son muy susceptibles al ataque por los radicales libres, que las degradan (lipoperoxidación, enranciamiento) y las convierten en radicales libres. Ya saben, «si te muerde un vampiro, te conviertes en vampiro». Los alimentos que contienen grasas poliinsaturadas de forma natural también tienen una gran dotación de antioxidantes que previenen la oxidación de sus propias grasas. Cuando nosotros ingerimos esos alimentos, en nuestro organismo penetran a la vez la grasa y el agente protector que evita que la ataquen los radicales libres. Pero si tomamos una cápsula de omega 3, inundamos nuestro organismo con un montón de grasas muy oxidables pero que no vienen con la protección antioxidante correspondiente. Imagínense cómo se frotarán las manos de satisfacción los vampiros-radicales libres que circulan descontrolados por nuestro organismo.

Los mecanismos genéticos y epigenéticos

A pesar de que los mecanismos que se ponen en marcha durante un estrés pantostático son comunes a todos los seres humanos, cada persona reacciona de forma distinta frente a un mismo agente estresante.

Ante la actuación reiterada o continua de los mediadores de estrés, el grado de lesión que un estrés crónico puede ocasionar en una persona depende de varios factores. Por una parte, de que posea determinados genes en su genoma, pero por otra, de la actuación de ciertos agentes, que pueden ser los propios mediadores del estrés u otros que procedan del medio ambiente (sedentarismo, alimentos, tóxicos, humos, etc.). Estos influyen en los genes peligrosos para que actúen (se expresen) o se mantengan silenciosos; son las influencias epigenéticas.

Toda la información necesaria para la construcción y el funcionamiento de nuestro organismo está contenida en nuestro genoma. Pero es tal el grado de variabilidad genética, que con frecuencia dentro de una población pueden coexistir varias versiones de un mismo gen (alelos). Algunos de estos alelos no tienen ninguna repercusión para la salud; otros, sin embargo, pueden fabricar alguna proteína defectuosa que no realiza bien la función que tiene encomendada. Los individuos portadores de algún defecto de esta naturaleza son más susceptibles a los daños por los mediadores del estrés.

Ya vimos que, en muchos casos, lo que hoy llamamos un alelo defectuoso —que fabrica una proteína defectuosa y ocasiona alguna enfermedad— es solo la consecuencia de una mutación que fue beneficiosa en el pasado evolutivo, pero que hoy, confrontada con la forma de vida opulenta y desarrollada, desencadena una enfermedad.

Sin embargo, además de la genética, hemos de considerar la epigenética. Todo gen tiene que expresar la información que alberga en su estructura para que la célula pueda fabricar la proteína correspondiente (buena o mala). Este proceso puede verse influenciado por agentes externos al genoma, de lo que puede resultar que se potencie la expresión de ese gen o, por el contrario, que esos agentes sean silenciados y permanezcan sin actuar.

Factores coadyuvantes

La alimentación incorrecta, el sedentarismo, el abuso de tóxicos y drogas, un determinado tipo de personalidad, influencias psicológicas y sucesos desagradables (maltratos, abusos, menosprecio, falta de afecto) en edades muy precoces, incluso prenatales, pueden agudizar los efectos negativos de los mediadores del estrés pantostático.

Está demostrado que las experiencias en edades muy tempranas de la vida son importantes para determinar cómo un individuo reacciona frente al estrés. Por ejemplo, el maltrato y el abuso sexual en la infancia cambian la plasticidad de determinadas zonas cerebrales; por una parte ocasionan problemas patológicos físicos y psíquicos en el adulto y, por otra, alteran la respuesta normal frente al estrés.

¿Es usted halcón o paloma?

Una de las cuestiones más interesantes a la hora de abordar el estrés pantostático es por qué los individuos adoptan tan diferentes estrategias y respuestas de conducta frente al estrés. Hay personas que frente a un atracador se quedan paralizadas; otras le dan todo lo que les exige, y algunas se enfrentan al atracador con cualquier medio que tengan a mano. Recuerdo la noticia reciente de una anciana que se enfrentó con el palo de una escoba a un individuo armado que intentó atracar su pequeño comercio.

En el año 2005, Korte propuso un nuevo modelo para explicar las variaciones genéticas en las respuestas frente al estrés. Este investigador propuso que a lo largo de la evolución de la mayor parte de las especies, incluida la especie humana, se han desarrollado dos patrones de conducta en una determinada población: un patrón de alta agresividad (halcones) y un patrón de baja agresividad (palomas).

Según esta teoría, tanto en los seres humanos como en el resto de animales, la selección natural estableció un equilibrio entre los diferentes rasgos, y favoreció en un extremo genotipos que conceden a los individuos una elevada agresividad y gran dominio (halcones), y en el otro extremo genotipos que confieren a los individuos que los llevan una baja agresividad y una elevada sumisión (palomas). Esta estrategia está muy difundida en el reino animal: en un rebaño de cebras habrá cebras «halcones» y cebras «palomas», y lo mismo sucederá en un grupo de chimpancés o entre los seres humanos. Y no solo existen diferencias entre machos y hembras, sino también dentro de un mismo género en una especie: machos halcones y palomas, y hembras halcones y palomas. Entre estos dos extremos hay una serie de gradaciones según las mezclas de genes que concurran en el genoma de cada individuo.

TABLA. Algunas propiedades de los individuos halcones y palomas que determinan su diferencia en la percepción y reacción frente al estrés.

Características	**Halcones**	**Palomas**
Estrategia conductual	lucha/huida	inmovilidad/ocultación
Estilo enfrentamiento	proactivo	reactivo
Estado emocional	agresivo/audaz	no agresivo/cauto
Frente al territorio	establecer/defender	eludir peligros/inmovilidad
Exploración	rápida/superficial	cauta/absoluta
Flexibilidad conductual	rígida/rutinaria	flexible
Metabolismo energético	elevado gasto	conservación de energía
Daños corporales	riesgo elevado	riesgo bajo
Ventaja según alimentos	cuando abundancia	cuando escasez
Ventajas según población	cuando densidad alta	cuando densidad baja
Tono simpático	elevado	bajo
Tono parasimpático	bajo	elevado
Predominio hormonal	gonadal	adrenal

Para los halcones y las palomas, las interacciones entre los genes y el entorno, y las consecuencias de adaptación dependen de su papel biológico en la población, la estrategia de conducta adoptada, el contexto del entorno, la disponibilidad de alimento y el ciclo poblacional. En general, se atribuye a los halcones la adopción de estrategias de lucha o de huida, la defensa de su territorio. En ellos predomina su capacidad para adaptarse en poblaciones densamente pobladas y donde hay abundancia de alimentos. Exhiben poca flexibilidad de conducta. Se atribuye en general a los individuos palomas las estrategias de ocultación o de hacerse el muerto; evitan amenazas en su territorio. Aumenta su adaptabilidad con poco alimento y baja densidad de población. Esto les permite una exploración constante y prudente del territorio en busca de alimento. Vamos a analizar algunas de las diferencias esenciales, en relación con el estrés pantostático, que exhiben los individuos halcones y los individuos palomas.

1. Conducta

Los individuos halcones suelen presentar niveles relativamente bajos de cortisol y elevados de testosterona y de DHEA. Esta mezcla les proporciona una gran tendencia a expresar conductas agresivas de defensa. Pero tiene la contrapartida negativa de favorecer conductas antisociales y violentas. La testosterona u hormona masculina no causa agresividad por sí misma, solo exagera un patrón preexistente y potencia la respuesta a una agresión ambiental desencadenante. Siempre se habla de que la testosterona estimula la agresividad de forma absoluta, sobre la base del efecto de la castración en los animales macho. Pero la historia de la humanidad está llena de ejemplos sobre la ferocidad y la crueldad de los guerreros eunucos.

Los individuos paloma presentan una elevada reactividad del eje hipófisis suprarrenal, con unos altos valores de cortisol y un aumento de la neurotransmisión de serotonina. Esto les confiere gran tendencia a expresar conductas de «congelación», como ocultarse o hacerse el muerto. Así reducen las probabilidades de ser detectados y atacados por algún predador. En el caso de que el individuo paloma sea capturado, esta conducta de congelación o inmovilidad tónica hace que el predador pierda interés por la pieza. La elevada actividad del eje hipófisis-suprarrenal y la activación de amígdala e hipotálamo les hace estar muy atentos y tener mayor conciencia de los peligros potenciales del entorno. La compensación negativa es el riesgo de depresión melancólica y de estados psicóticos. Los sujetos paloma tienen un hipocampo muy desarrollado, lo que les proporciona una gran capacidad para almacenar y organizar la información y contextualizarla; por ejemplo, captar la aparición de un predador y evaluar las posibilidades de ocultarse.

2. Aparato cardiovascular

Los individuos halcones tienen una gran reactividad simpática y una baja actividad parasimpática. Esto les permite que en caso de amenaza se produzca con gran eficacia la respuesta de las acciones dependientes de la estimulación simpática, como el aumento de la frecuencia cardiaca, la dilatación bronquial, la reducción de la actividad del sistema digestivo, el aumento de la presión arterial, etc. En definitiva, todo aquello que va a proporcionarles unas ventajas musculares para la lucha o la huida. La compensación negativa es que a causa del predominio del simpático, estos individuos tienen un gran riesgo de hipertensión, de arritmias cardiacas y de muerte súbita.

Los individuos paloma tienen una menor reactividad simpática y un predominio parasimpático, vagal. Esto favorece en ellos un ánimo más negativo, son propensos a ingerir gran cantidad de alimentos y a aumentar la grasa abdominal. Este exceso de energía les confiere ventajas de supervivencia en tiempos difíciles. La compensación negativa es la enorme tendencia a desarrollar problemas metabólicos, como el síndrome metabólico, la obesidad y la diabetes.

3. Sistema inmunológico

La mayor agresividad y audacia de los individuos halcones aumenta el riesgo de que sufran heridas y padezcan infecciones. En ellos predomina la respuesta inmunológica tipo Th1, una respuesta inmune tipo celular, que les ayuda a adaptarse para luchar contra las infecciones. La compensación negativa es que esta característica y los bajos niveles de cortisol crean un estado hiperinmune que favorece el riesgo de inflamación y los problemas autoinmunitarios.

Los individuos paloma tienen como principal motivación explorar el entorno en busca de alimentos, incluso eludiendo la confrontación. Tienen menos riesgo de heridas, pero mayor riesgo de ser contaminados por parásitos. En ellos predomina la respuesta inmunológica tipo Th2, es decir, la respuesta inmunológica humoral, que les confiere más protección en la lucha contra los parásitos. La compensación negativa es que son más vulnerables a las infecciones, por ejemplo, a las virales.

4. Metabolismo energético

Las diferencias que existen en la actividad del eje hipófisis-suprarrenales entre halcones y palomas tienen una gran importancia en la alimentación y en el metabolismo energético.

Los individuos paloma tienen una preferencia de conducta por la búsqueda de alimentos. En su vagar por el territorio, se exponen a un elevado riesgo, pero poseer una mayor disponibilidad de cortisol les confiere ventajas de supervivencia. El cortisol es un glucocorticoide. Se llama así porque tiene una gran capacidad de reorientar el metabolismo para convertir grasas y proteínas en glucosa. Como ya vimos, esto es esencial para la supervivencia en el ayuno o, por ejemplo, cuando un individuo en la exploración del territorio se ve atacado por algún predador y debe permanecer varios días oculto, sin comer. Como ya vimos, el cortisol le proporciona la glucosa que necesita su cerebro a partir de sus depósitos grasos y de sus proteínas musculares. Por otra parte, cuando este individuo logra llegar al poblado y repone fuerzas comiendo, el cortisol favorece que los alimentos en forma de grasa se acumulen fundamentalmente en sus depósitos viscerales, lo que será una ventaja cuando tenga que salir de nuevo de exploración durante varias jornadas.

Para saber más

Estrés y metabolismo

El estrés crónico tiende a desplazar el equilibrio metabólico hacia un predominio del catabolismo (destrucción de material) sobre el anabolismo (construcción). El estrés reduce los niveles de hormonas anabolizantes, como los andrógenos (testosterona y DHEA), estrógenos, la hormona de crecimiento y los llamados factores de crecimiento (IGF-1) y aumenta la producción de hormonas catabólicas como el cortisol, el glucagón y las catecolaminas adrenalina y noradrenalina.

Las hormonas anabolizantes disminuyen con la edad y esto ocasiona, entre otros problemas, una mayor vulnerabilidad a los efectos negativos del estrés crónico, a edades más avanzadas. Es de especial interés el efecto protector de la DHEA (anticortisol), que ya hemos mencionado.

La alteración en el equilibrio entre los mediadores anabólicos y catabólicos puede servir de pronóstico de la gravedad de las consecuencias del estrés crónico y del envejecimiento. Algunos estudios señalan que cuando existen valores bajos en tres de las hormonas anabólicas se incrementa en dos veces y media el riesgo de mortalidad precoz. Hay alguna excepción puntual; se trata del efecto cancerígeno que ejercen los andrógenos en edades avanzadas en el hombre (cáncer de próstata) o el que ejercen los estrógenos en la mujer (cáncer de mama o de endometrio).

Chrousos, G.P. Stress and disorders of the stress system. Nature Reviews Endocrinology. 5, 374-381, 2009.

En el estrés hay una alteración del equilibrio metabólico. El exceso de cortisol que produce el estrés promueve la adiposidad. En el artículo que se cita a continuación se propone que en las sociedades opulentas el exceso de comida y el sedentarismo cuando se suman a la activación crónica de los sistemas neuroendocrinos por el estrés podrían contribuir a la epidemia de obesidad.

Siervo, M., Wells, J. C. K. y Cizza, G. The Contribution of Psychosocial Stress to the Obesity Epidemic. An Evolutionary Approach. Hormone Metabolic Research. 41: 261-270, 2009.

Efectos tóxicos celulares

Los mediadores liberados durante el estrés crónico pueden actuar directamente sobre determinados grupos celulares por acción citotóxica directa, induciendo mutaciones genéticas, alterando las señales de comunicación intracelular y alterando la maduración y la división de las células en sistemas de renovación celular. Todas estas acciones conducen al daño celular y al desarrollo de enfermedades como cáncer, diabetes, enfermedad cardiovascular o enfermedades neurodegenerativas. Se han caracterizado tres respuestas celulares anormales frente al estrés crónico pantostático.

1. Proliferación celular anormal. Esto puede ocasionar una alteración de los sistemas de renovación celular y dar lugar a la expansión aberrante de células, que puede dar origen a un cáncer.

2. Alteración de la función de determinados grupos celulares. La actuación continuada de los mediadores del estrés afecta a genes responsables del funcionamiento normal de determinadas células y ocasiona numerosas enfermedades. Muchas alteraciones neurológicas asociadas al estrés pantostático se caracterizan por la pérdida de funcionalidad de algunas neuronas y alteración de la plasticidad sináptica, es decir el establecimiento de conexiones con otras neuronas. También la diabetes puede estar ocasionada por una disfunción de las células beta del páncreas, las encargadas de fabricar y secretar la insulina.

3. Alteraciones de los sistemas de renovación celular. El organismo dispone en todos los tejidos líneas de células madre que se autorrenuevan a partir de células progenitoras para dar lugar a las células maduras de cada tejido. Dependiendo de la localización hay sistemas de división rápida, como en el epitelio intestinal, y hay sistemas de división lenta, como en el músculo y en el cerebro. Los mediadores del estrés pantostático crónico pueden afectar al número y a la velocidad

de división de estas células madre. Se originan así células anormales que contribuyen al desarrollo de la enfermedad y que pueden persistir incluso cuando la exposición al estrés ha cesado.

A lo largo de los últimos años se ha visto la relación que existe entre estrés crónico y cáncer. Hay muchos mecanismos a través de los cuales el estrés celular puede producir enfermedad: producción de mutaciones genéticas, citotoxicidad directa, alteración de las señales intracelulares. Durante el desarrollo y en los adultos el estrés crónico puede también alterar el equilibrio normal de la maduración y la división celular en los sistemas de renovación celular. Estas alteraciones pueden ocasionar enfermedad.

Johnstone, S.E. y Baylin, S.B. Opinion: Stress and the epigenetic landscape: a link to the pathobiology of human diseases? Nature Reviews Genetics. 11: 806-812, 2010.

Efecto oxidante del estrés

Uno de los problemas que se asocia a todos los tipos de estrés es el desequilibrio entre agentes oxidantes y defensas antioxidantes, lo que se denomina el estrés oxidativo. En las siguientes publicaciones se analiza cómo sucede el estrés oxidativo y los métodos que existen para diagnosticarlo:

Dowling, D.K. y Simmons, L.W. Reactive oxygen species as universal constraints in life-history evolution. Proccedings Biological Science. 276: 1737-1745, 2009.

Monaghan, P., Metcalfe, N. B. y Torres, R. Oxidative stress as a mediator of life history trade-offs: mechanisms, measurements and interpretation. Ecology Letters. 12: 75-92, 2009.

Nuestros estudios sobre el ejercicio físico y el aumento de la actividad de los enzimas antioxidantes se resumen en la siguiente publicación:

Mena, P., Maynar, M., Gutierrez, J.M., Maynar, J., Timon, J., Campillo, J.E. Erythrocyte free radical scavenger enzymes in bicycle professional racers. Adaptation to training. International Journal Sports Medicine. 12: 563-566, 1991.

Estrés e inflamación

Otro de los problemas asociados a una situación de estrés crónico es el llamado estado inflamatorio sistémico, por activación excesiva de sistemas diseñados para nuestra defensa. Este estado de inflamación generalizada que ocasiona tantos problemas de salud se pone en marcha por diversas causas, entre ellas la hipertrofia de los adipocitos en la obesidad.

Monteiro, R. y Azevedo, I. Chronic Inflammation in Obesity and the Metabolic Syndrome. Mediators of Inflammation. 2010 (publicación on line).
Wellen, K.E. y Hotamisligil, G.S. Inflammation, stress, and diabetes. Journal Clinical Investigation. 115: 1111-1119, 2005.

Estrés y personalidad

Friedman y Rosenman fueron los primeros en describir la relación que existe entre la enfermedad cardiovascular y el poseer una especial personalidad y un determinado patrón de conducta. Describieron los sujetos tipo A, que equivaldrían a los halcones, como los más agresivos y hostiles, más competitivos, impacientes, siempre con prisas. Por otra parte, hablaron de los sujetos tipo B, que podrían asimilarse con las palomas, más sociables, menos agresivos y con menor hostilidad, rara vez enfadados, menos irritables. En los dos tipos se da la enfermedad cardiovascular pero por diferente mecanismo.

Los sujetos tipo A tienen mayores niveles de testosterona y mayor actividad simpática, lo que les ocasiona una tendencia a la aterosclerosis y una mayor sobrecarga cardiovascular que les lleva a una fibrosis miocárdica y a una hipertensión, además de lesiones endoteliales y tendencia a la agregación plaquetaria (coagulación). Todo ello favorece la aparición de un infarto de miocardio. Por otra parte, el predominio simpático sobre el parasimpático (menor freno cardiaco) ocasiona alteraciones del ritmo cardiaco (taquiarritmias), además, el exceso de noradrenalina produce destrucción de las células musculares cardiacas (miocitos) por un mecanismo de suicidio celular llamado apoptosis. Estos dos factores favorecen en estos individuos la vulnerabilidad a la muerte súbita.

Los sujetos de tipo B tienen predominio parasimpático que frena al corazón y les ocasiona bradiarritmias y también bradipneas. Ambos favorecen la supervivencia haciéndose el muerto. El exceso de cortisol produce la acumulación de grasa abdominal, el aumento de ácidos grasos circulando en la sangre y la resistencia a la insulina. Todo ello provoca la aterosclerosis y la enfermedad vascular por este motivo.

Los detalles sobre la fascinante teoría de los halcones y las palomas, y los diferentes tipos de respuestas ante un estrés pueden profundizarse en las siguientes dos publicaciones:

Ellis, B.J., Jackson, J.J. y Boyce, W.T. The stress response systems: Universality and adaptive individual differences. Developmental Review. 26: 175-212, 2006.

Mechiel Kortea, S., Koolhaasb, J.M., Wingfieldc, J.C. y McEwend, B.S. The Darwinian concept of stress: benefits of allostasis and costs of allostatic load and the trade-offs in health and disease. Neuroscience and Biobehavioral Reviews. 29: 3-38, 2005.

En este interesante estudio se consideran los aspectos evolucionistas, fisiológicos y antropológicos de la agresividad. Se sugiere que las diferencias individuales en tal conducta se basan en las diferencias genéticas y ambientales.

Craig, I.W., Halton, K.E. Genetics of human aggressive behaviour. Hum Genet. 126: 101-113, 2009.

13

Las enfermedades que causa el estrés pantostático

El síndrome metabólico

El llamado síndrome metabólico o síndrome cardiometabólico es el enemigo número uno de la salud en las sociedades opulentas y desarrolladas, y comienza a serlo también en las sociedades emergentes, como China e India.

El síndrome metabólico se caracteriza por provocar una serie de alteraciones y enfermedades que suelen ir juntas: obesidad abdominal, diabetes, hipertensión, dislipemia aterogénica (aumento de los triglicéridos y del colesterol en LDL y disminución del colesterol en HDL), estrés oxidativo, tendencia a la coagulación de la sangre dentro de los vasos sanguíneos (estado protrombótico) y estado inflamatorio generalizado. El destino final de cualquier persona con síndrome metabólico, que no ponga las medidas y los tratamientos adecuados para controlar ese proceso, es la enfermedad cardiovascular y, como consecuencia, la muerte.

Para desarrollar el síndrome metabólico se necesita, en primer lugar, poseer una condición genética que predisponga a padecer resistencia a la insulina, que es la alteración que tienen en común todas las enfermedades que componen el síndrome. Estos genes son bastante comunes y en mayor o menor cantidad los llevan en su genoma cerca de un 40 por ciento de la población. Pero, como ya hemos explicado, hay que acelerar la expresión de estos genes perjudiciales mediante los mecanismos epigenéticos. En este caso, los principales agentes desencadenantes son: el sedentarismo, la alimentación incorrecta y el estrés pantostático crónico. Se puede obtener más información sobre los aspectos genéticos y epigenéticos del síndrome metabólico en mi libro *El mono obeso* (editorial Crítica).

Son numerosos los estudios experimentales realizados con seres humanos y en animales que demuestran la estrecha relación que existe entre estrés pantostático crónico y el síndrome metabólico. Destacan los estudios prospectivos y retrospectivos que, a lo largo de más de veinte años, se han llevado a cabo con funcionarios británicos de diferentes niveles que trabajan en las dependencias administrativas del Palacio de Whitehall, en Londres. En ellos se demuestra, sin lugar a dudas, la estrecha relación entre estrés laboral, síndrome metabólico y enfermedad cardiovascular. En el *Whitehall Study II* se concluye que, una vez excluidas las influencias negativas de conductas poco saludables como tabaquismo, sedentarismo, dieta incorrecta y abuso de alcohol, la mayor exposición a un estrés laboral durante catorce años ocasiona en proporción un mayor riesgo de padecer síndrome metabólico; es decir, a más estrés, mayor riesgo.

Destaca en estos estudios la gran influencia de lo que se denomina el «gradiente social». Esto significa que los funcionarios que padecen más riesgo de síndrome metabólico y enfermedad cardiovascular son los de nivel más bajo en la jerarquía. Es sorprendente que el estrés diario que le ocasiona a un administrativo el temor a que su jefe le regañe por algún pequeño error tenga consecuencias más funestas para la salud que el estrés que padece su jefe, que tiene que tomar cada día decisiones de gran responsabilidad, como decidir inversiones de millones de euros. En efecto, en los seres humanos, y ya veremos que también en comunidades de primates, las consecuencias negativas del estrés afectan sobre todo a los grupos menos favorecidos socialmente.

Es decir, todos los estudios muestran que el estrés crónico produce un aumento permanente de mediadores de estrés, en particular el cortisol y los componentes del sistema simpático, que son los que ponen en marcha las alteraciones que conducen al síndrome metabólico y aumentan el riesgo de mortalidad cardiovascular.

Muchas personas que padecen este tipo de estrés no están obesas.

Pueden tener algunas de las alteraciones del síndrome metabólico, incluida una cierta cantidad de grasa en la cintura, pero se mantienen delgadas. Sin embargo en otras, por mecanismos aún no bien dilucidados, se ponen en marcha procesos que compensan su insatisfacción (sistemas placenteros cerebrales, endocannabinoides). El principal mecanismo compensador es la ingesta excesiva de los alimentos que nos causan mayor placer, todos aquellos que estimulan poderosamente nuestros sentidos del gusto y del olfato: dulces, alimentos salados y alimentos grasos. También se puede recurrir al consumo excesivo de alcohol. Todas estas compensaciones proporcionan muchas calorías y por ello las personas que desarrollan esta modalidad de respuesta al estrés son las que se convierten en obesas.

Una de las manifestaciones esenciales del síndrome metabólico y una de las principales señales de riesgo cardiovascular es la acumulación de grasa en la parte central del cuerpo, en la barriga; es la obesidad central o abdominal. Considerables estudios señalan la relación entre estrés pantostático crónico, resistencia a la insulina y obesidad abdominal. La relación no sorprende, ya que el tejido adiposo abdominal es una excelente diana para los mediadores liberados en el estrés crónico.

Aterosclerosis

Hay dos lípidos, los triglicéridos y el colesterol, que cuando aumentan en sangre por encima de determinados valores (150 mg/dL para los triglicéridos y 200 mg/dL para el colesterol) provocan la denominada dislipemia. El exceso de estos lípidos puede depositarse en la pared de las arterias y las van obstruyendo. A la larga, cuando este proceso se asocia con otros factores, entre ellos con una situación de estrés crónico y un estado inflamatorio generalizado, se van formando en las arterias unas placas llamadas ateromas y aparece el fenómeno de la aterosclerosis.

Esta situación puede durar años, durante los cuales el ateroma va creciendo y la arteria se va taponando. Sin embargo, puede llegar un instante en que, por causas diversas pero con frecuencia asociadas a una situación de estrés agudo (exceso de ejercicio desacostumbrado, muerte repentina de un familiar, amenaza de una separación matrimonial), se obstruye la arteria que está medio taponada y sucede el accidente vascular. Si la arteria obstruida es del corazón, ocurre el infarto agudo de miocardio; si es una del cerebro, sucede el ictus cerebral.

Además de la alteración lipídica contribuyen al proceso otras dos alteraciones del estrés pantostático crónico: el estrés oxidativo y el estado inflamatorio sistémico. Ya se ha comentado que para que el colesterol se pueda depositar en la pared de las arterias tiene que ir transportado por unas lipoproteínas LDL pequeñas y que se oxidan fácilmente, lo que se produce a causa del estado prooxidante del estrés. Por otra parte, la existencia del estado proinflamatorio hace que lleguen a la pared vascular mediadores inflamatorios (citoquinas, factor de necrosis tumoral y otros) que atraen a células inmunológicas, los linfocitos, y sobre todo a los macrófagos. Estos fagocitan todo el exceso de lípidos que penetran en la pared arterial y se transforman en unas células cargadas de grasas; son las células espumosas, que ya vimos y que contribuyen a formar la placa de ateroma. Además, los mediadores inflamatorios hacen proliferar las células musculares lisas de la pared de los vasos, que también contribuyen a que crezca el ateroma.

Numerosos estudios avalan la responsabilidad de las catecolaminas en la producción de estos problemas de salud. Por ejemplo, entre los simios que viven en jerarquías sociales muy estrictas, el macho dominante muestra una aterosclerosis acelerada cuando su jerarquía es inestable y se ve obligado a pelear a menudo por mantener su posición. Cuando a estos animales se les trata con betabloqueantes, unos fármacos utilizados para controlar el efecto de las catecolaminas, se consigue prevenir en ellos la aterosclerosis.

Hipertensión

La respuesta ante una amenaza global exige una activación del corazón y que se reorganice el flujo de sangre para que atienda las urgencias del organismo y lo defienda. El corazón acelera su funcionamiento para hacer circular la sangre a mayor velocidad y mayor presión por aquellos territorios que la precisan para la supervivencia (el cerebro y los músculos). Aumenta el ritmo de contracción del corazón (taquicardia) y también la cantidad de sangre que expulsa con cada latido. El resultado es que aumenta la cantidad de sangre que el corazón lanza al organismo cada minuto. Ya vimos que las arterias de determinadas zonas —como el territorio digestivo y la piel— sufren un estrechamiento por contracción de unos músculos que tienen en sus paredes. El organismo intenta reducir el paso de sangre por estos territorios que no intervienen directamente en la defensa del organismo. Por el contrario, se dilatan las arterias en los músculos y en el cerebro, donde se necesita que llegue sangre en abundancia.

Que el estrés aumenta la presión arterial es fácil de comprobar: cada vez que vamos al médico a tomarnos la presión arterial, esta es más alta que la que nos tomamos en casa en las mismas condiciones y a la misma hora. A este fenómeno se le denomina «hipertensión de bata blanca» y lo provoca el ligero estrés que les produce a algunas personas el simple hecho de acudir a un centro médico. Esta es una consecuencia de un estrés agudo sobre la presión arterial, el cual es reversible, ya que si el paciente se tranquiliza y se acomoda a la situación, cuando se la vuelven a tomar, ya la tensión es más baja.

Los mediadores que permiten esta respuesta cardiovascular son las catecolaminas (adrenalina y noradrenalina), que actúan sobre los centros de control del ritmo y de la fuerza de contracción del corazón y aceleran y aumentan su rendimiento. También actúan sobre los músculos que contraen o dilatan las arterias, y aquí su acción es bivalente. Sobre unas arterias las dilatan (músculos) y sobre otras las contraen (digestivo y piel). No hay misterio, todo depende de qué receptores tenga en su superficie cada tipo de célula muscular arterial. Así, la respuesta depende del receptor sobre el que actúe el mensajero, no del mensajero en sí.

Este mecanismo es el que ha diseñado la evolución para activar de forma inmediata los sistemas circulatorio, respiratorio y metabólico con el fin de permitir la supervivencia ante una amenaza. Forma parte de la respuesta normal del estrés pantostático agudo. El problema surge cuando una persona está sometida a sobrecargas pantostáticas constantes que hacen que esté recibiendo descargas frecuentes de adrenalina y noradrenalina. Estos mediadores a través de receptores adrenérgicos activan otros mediadores muy potentes, como el sistema de renina-angiotensina (aumenta la producción de angiotensina II, el más potente agente hipertensor conocido) y la aldosterona, así como otras hormonas: ACTH, cortisol y ADH; esta última retiene agua en el riñón, lo que contribuye a aumentar la presión arterial.

Cuando la situación de estrés se reitera de manera continua, todos estos mediadores están en todo momento elevados, ocasionan cambios permanentes en el sistema circulatorio y se estabiliza la hipertensión. La persona se mide la presión arterial a diferentes horas del día y siempre la tiene elevada. El papel de la angiotensina II es tan importante que la mayor parte de las medicinas más eficaces para bajar la presión arterial tienden a reducir los niveles de angiotensina II en la sangre o a impedir que actúe.

Como en las patologías previas, la predisposición genética es importante para desarrollar una hipertensión por estrés crónico. También favorece el proceso la existencia de otros factores de estilo de vida como pueden ser el sedentarismo, la obesidad, el abuso de sal, dulces y grasas, y el tabaquismo.

Exploración cardiovascular y respiratoria

Si sospechamos que estamos padeciendo un estrés crónico deberíamos acudir al especialista para que nos realizara una exploración cardiovascular. Hay ciertas pruebas, sencillas y eficaces, para determinar estos niveles: medir la frecuencia cardiaca en reposo y tras actividad ligera, medir la presión arterial sistólica y diastólica y también los principales índices de actividad cardiaca. Todas ellas deben ser realizadas y evaluadas por personal médico especializado.

Disminución de las defensas

El estrés crónico pantostático ejerce profundos efectos depresores sobre el sistema inmunológico, que se encarga de defendernos frente a la invasión de agentes extraños. Numerosos estudios experimentales de investigación, tanto en animales como en seres humanos, avalan este efecto negativo del estrés crónico. Algunos de estos estudios se han realizado en personas que soportaban una carga de estrés crónico: como personas que se acaban de quedar viudas o recién separadas, en cuidadores de familiares con Alzheimer, en parejas de seropositivos ante el virus VIH, en estudiantes en épocas de exámenes, en pacientes con depresión o recién diagnosticados de cáncer. En todas estas personas la reducción de la actividad del sistema inmunológico a causa del estrés crónico ocasiona también una disminución de las defensas y sus cuerpos están más predispuestos a padecer infecciones (desde el sida a un simple resfriado) y el cáncer.

El mecanismo a través del cual un estrés pantostático crónico disminuye la actividad del sistema inmunológico es complejo. El sistema nervioso, el endocrino y el inmunológico están interconectados en redes bidireccionales o tridireccionales. El cerebro estresado manda señales capaces de influir en la actividad del sistema inmunológico y también, como ya hemos visto, actúa sobre numerosas hormonas. El sistema endocrino alterado en el estrés crónico afecta tanto al sistema nervioso como al inmunológico.

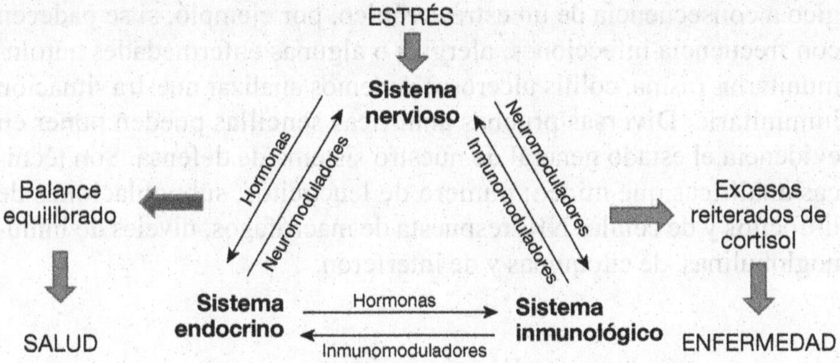

FIGURA. Existe un delicado equilibrio de interrelaciones entre los tres grandes sistemas. En el estrés agudo, de leve ansiedad, los mediadores liberados permiten una relación equilibrada entre los tres sistemas y proporcionan defensas y salud. El estrés crónico produce un exceso del mediador cortisol que, entre otras acciones, altera el delicado equilibrio entre los sistemas ocasionando disfunción y enfermedad.

Algunas personas que sufren estrés pantostático crónico presentan mayor propensión para desarrollar enfermedades autoinmunitarias (alergias, asma, afecciones inflamatorias intestinales, diabetes tipo 1), son más sensibles a afecciones respiratorias y gripales, y cualquier herida les tarda más de lo normal en curar.

Por otra parte, numerosos experimentos en animales y estudios en seres humanos demuestran que el sistema nervioso puede influir en la actividad del sistema inmunológico. Me viene a la memoria la última vez que tuve la ocasión de hablar con don Severo Ochoa, en un congreso de bioquímica en Benalmádena. Tratábamos sobre estos temas y él nos contó cómo en algunos hospitales estaban enseñando a unos niños a poner en marcha sus células inmunológicas para luchar contra el cáncer que padecían. Lo hacía utilizando unos videojuegos en los que las células cancerosas eran enemigas que los niños aprendían a destruir mediante las células inmunológicas que aparecían en las pantallas.

Evaluación del sistema inmunológico

Si sospechamos que padecemos una depresión del sistema inmunológico a consecuencia de un estrés crónico, por ejemplo, si se padecen con frecuencia infecciones, alergias o algunas enfermedades autoinmunitarias (asma, colitis ulcerosa) debemos analizar nuestra situación inmunitaria. Diversas pruebas analíticas sencillas pueden poner en evidencia el estado general de nuestro sistema de defensa. Son técnicas analíticas que miden: número de leucocitos, subpoblaciones de linfocitos y de células NK, respuesta de macrófagos, niveles de inmunoglobulinas, de citoquinas y de interferón.

Envejecimiento

Desde siempre, tanto la gente en general como los científicos han considerado que padecer una situación crónica de estrés acelera el proceso de envejecimiento. La experiencia de cada día demuestra que cuando nos reencontramos a algún amigo o familiar al que no veíamos desde hace algún tiempo y que ha padecido una larga y penosa situación estresante, su aspecto es como si representara más años de los que tiene. Y no es solo el aspecto físico el que se resiente; una situación estresante continuada también promueve muchas de las enfermedades que suelen asociarse con el fenómeno del envejecimiento.

Hoy día, gracias sobre todo a investigaciones muy recientes, conocemos cuáles son las bases bioquímicas y hormonales a través de las cuales un exceso continuado de mediadores de estrés pantostático puede acelerar el proceso de envejecimiento biológico. Hay numerosos sistemas implicados, pero destacan dos hormonas: el cortisol y la insulina. El exceso permanente de cortisol y la desorganización del metabolismo de la glucosa permite que actúen los agentes oxidantes (radicales libres de oxígeno) y se permanezca en un estado de inflamación sistémica. Todos estos factores, además de otros que se pueden sumar (sedentarismo, mala alimentación, obesidad, tabaquismo y otros), alteran los sistemas bioquímicos y genéticos que protegen a la célula frente al envejecimiento.

La edad biológica de nuestro organismo viene determinada en gran parte por el número de divisiones que ejecutan nuestras células. Es como si en el diseño genético de nuestra especie se especificara el número máximo de veces que pueden dividirse nuestras células. Una vez superado este uso previsto, caduca la garantía, las células comienzan a morir y los sistemas fisiológicos que dependen de esas células empiezan a fallar. Es la senescencia, que lleva a un deterioro progresivo y a la muerte.

El «cuenta divisiones», que señala a las células el número de veces que se han dividido, es una estructura ubicada en los extremos del material genético, que son los telómeros y que regulan la replicación cromosómica en el proceso de división celular. Cada vez que se divide una célula, se pierde parte del telómero y, finalmente, cuando este sufre un acortamiento máximo, la célula muere. En las células somáticas ya maduras se acortan los telómeros a razón de 15 a 25 nucleótidos (letras genéticas) en cada proceso replicativo. Por ello, las células solo pueden realizar un número determinado de divisiones; cuando estas se gastan, la célula muere. Este «desflecamiento» de los extremos del material genético, que sucede por el uso (división celular), puede ser reparado, en parte, por el enzima telomerasa.

Investigadores de la Universidad de California, liderados por Elissa S. Epel, estudiaron el comportamiento de la telomerasa en un grupo de personas sometidas a un estrés pantostático crónico: cuarenta mujeres que tenían que cuidar de sus hijos muy enfermos (cáncer) o con graves discapacidades. Utilizaron como grupo de control a veinte mujeres de edades y situación familiar y laboral similares a las mujeres estresadas, pero sin que se evidenciase que estaban sometidas a una situación de estrés crónico.

A todas se les extrajo sangre en diversos momentos y en sus leucocitos se les midió la longitud de sus telómeros. Recordemos que cuanto más largos tengan los telómeros (menos desflecamiento de uso) más veces pueden aún dividirse las células y más vida tienen por delante. Las mujeres sometidas a estrés crónico sufrían un acortamiento de sus telómeros, y era proporcional por una parte a la gravedad de la situación estresante y también al tiempo que llevaban padeciendo el estrés. Asimismo midieron la actividad del enzima telomerasa. Los niveles de telomerasa eran inferiores en las mujeres que sufrían un estrés crónico con respecto a las mujeres del grupo de control, que no estaban estresadas. Los datos de este estudio, confirmados por otros, muestran que la intensidad y la duración del estrés crónico inducen cambios en las células que favorecen el envejecimiento celular y, por tanto, el envejecimiento biológico del organismo completo.

Ya existen empresas que analizan el estado de los telómeros mediante técnicas relativamente sencillas, a partir de una gota de sangre. También se puede valorar la actividad del enzima telomerasa.

Cáncer

El cáncer es la segunda causa de muerte en las sociedades desarrolladas. Al hablar del estrés homeostático, decíamos que el cáncer es un proceso complejo por el cual algunas células del organismo desorganizan su estructura y su función hasta el punto de convertirse en células extrañas e independientes del organismo en el que habitan. Se reproducen por su cuenta, a gran velocidad, y acaban dañando de forma irreparable los órganos y tejidos corporales, primero en la vecindad (invasión) y luego a distancia (metástasis).

Se han propuesto diversos factores que pueden desencadenar esta transformación celular, entre ellos ciertos alimentos, los tóxicos (incluido el consumo de tabaco), algunos virus, ciertos genes y, sobre todo, el efecto de los agentes oxidantes (radicales libres). Al final, algo sucede en la maquinaria genética de alguna célula o de un grupo de células que altera su información genética y provoca el cáncer. Una de las situaciones que propicia la actuación de estos factores desencadenantes es el estrés pantostático crónico.

Hoy se conocen varios mecanismos a través de los cuales el estrés pantostático crónico puede desencadenar un cáncer; además, suelen actuar conjuntamente sumando sus efectos negativos. Uno de los mecanismos más interesantes tiene que ver con otro de los efectos del estrés crónico: la disminución de la actividad del sistema inmunológico. Ya hemos señalado el papel de vigilancia de las células inmunológicas que patrullan constantemente todos los rincones de nuestro organismo buscando todo lo que esté fuera de orden para neutralizarlo con sus potentes armas (las inmunoglobulinas), fagocitarlo y eliminarlo (macrófagos). Con mucha frecuencia, en los billones de células de nuestro organismo que no paran de reproducirse, pueden surgir errores, alteraciones que hacen que esas células sean diferentes. Las células vigilantes detectan estas anormalidades y las eliminan con rapidez. Este es el mejor método que tiene el organismo para hacer desaparecer tumores potenciales. Pero si hay menos vigilancia a causa de la inmunodepresión que se asocia a veces al estrés crónico, algunas células anormales tienen más probabilidades de eludir a los vigilantes inmunológicos, reproducirse a gran velocidad y dar origen a un tumor.

Un aspecto interesante de la relación entre estrés pantostático crónico y cáncer es la responsabilidad que tiene el sistema nervioso: la inervación del tejido tumoral, el efecto de los neurotransmisores en el crecimiento tumoral y cómo altera la actividad nerviosa la proliferación de las células tumorales. Numerosos estudios sobre la neurobiología del cáncer señalan que el cerebro modula señales neuroendocrinas e inmunológicas a través de las cuales puede controlar el crecimiento tumoral en los tejidos.

Finalmente, hay que tener en cuenta que para muchas personas que sufren estrés crónico existen otros factores que son cancerígenos en potencia, como la obesidad, una alimentación rica en grasas saturadas y baja en fibra y en vegetales, el consumo de drogas (incluidos el alcohol y el tabaco) y el sedentarismo. Estos factores ambientales también pueden actuar sobre la expresión genética de los genes capaces de inducir cáncer a través de mecanismos epigenéticos directos o potenciando los efectos de los mediadores de estrés.

Alteraciones cerebrales

Ya hemos visto que el cerebro es el órgano central que ordena la respuesta de estrés. No solo evalúa qué sucesos son o no estresantes, sino que también organiza las respuestas fisiológicas y de conducta frente a situaciones estresantes reales o imaginarias. Pero a causa de estas circunstancias, el cerebro es también una diana de las consecuencias negativas del estrés, y sufre cambios estructurales y funcionales en respuesta a un estrés tanto agudo como crónico.

Toda respuesta aguda ante una situación de emergencia que desencadena una respuesta de estrés pantostático ejerce una influencia positiva sobre el cerebro, ya que incrementa la atención y la memoria como elementos de una respuesta adaptativa que permite al organismo sobrevivir a esa amenaza y recordarla para evitarla en el futuro.

Pero las experiencias estresantes reiteradas a lo largo del tiempo ejercen un impacto negativo sobre algunas funciones cerebrales: se deterioran las capacidades de aprendizaje y de memoria, se acelera el deterioro cognitivo relacionado con la edad, y las neuronas de ciertas áreas cerebrales son más susceptibles de sufrir atrofias o necrosis.

Conviene recordar que la memoria es una función del cerebro que permite al organismo codificar, almacenar y recuperar información. Esta capacidad surge como resultado de la formación de conexiones sinápticas repetitivas entre las neuronas, lo que crea redes neuronales.

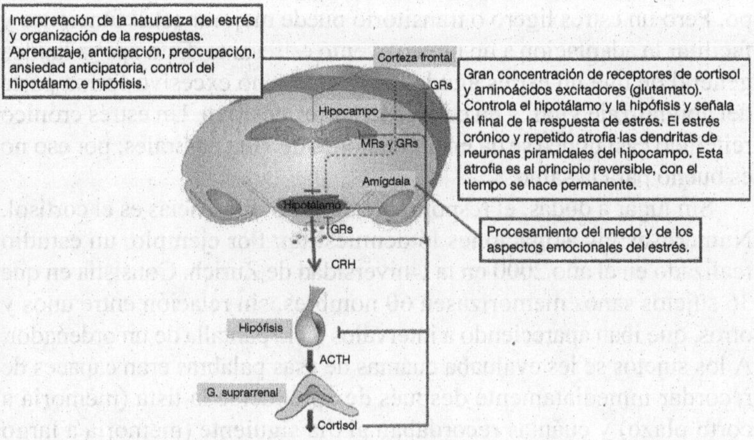

FIGURA. Las áreas cerebrales y las glándulas endocrinas relacionadas con el estrés están interconectadas funcionalmente. La corteza frontal y el hipocampo mandan señales inhibitorias que modulan la activación del hipotálamo. Hay un bucle de inhibición *feedback* mediante el cual el exceso de cortisol frena la hipófisis y el hipotálamo, regulando así su propia producción. También actúa sobre receptores (GRs y MRs) localizados en las neuronas de la corteza prefrontal y del hipocampo y modula la función de estas estructuras.

A este fenómeno se le conoce como potenciación a largo plazo. Es una consecuencia más de la llamada plasticidad cerebral.

La memoria a corto plazo o «memoria operativa» (resultado de la simple excitación de la sinapsis para reforzarla o sensibilizarla transitoriamente) es la que permite al individuo interactuar con el ambiente. La memoria a largo plazo es un almacén de datos al que se hace referencia cuando comúnmente hablamos de *memoria* en general. Es en donde se almacenan recuerdos vividos, el conocimiento acerca del mundo, las imágenes, los conceptos, las estrategias de actuación, etc, y es la consecuencia de un reforzamiento permanente de la sinapsis gracias a la activación de ciertos genes y a la síntesis de las proteínas correspondientes. Uno de los neuromoduladores principales de la potenciación de sinapsis a largo plazo y de la memoria es el cortisol.

Sapolsky demostró ya en 2003 cómo el estrés severo y prolongado puede alterar la capacidad de plasticidad y aprendizaje del hipocampo. Pero un estrés ligero o transitorio puede mejorar estas funciones y facilitar la adaptación a un nuevo evento estresante. Esto apoya la idea general de que un estrés agudo, ocasional y no excesivo forma parte del aprendizaje vital, y en consecuencia es positivo. Un estrés crónico reiterado casi nunca se da en condiciones de vida naturales; por eso no es bueno para la salud.

Sin lugar a dudas, el responsable de estas diferencias es el cortisol. Numerosas investigaciones lo demuestran. Por ejemplo, un estudio realizado en el año 2000 en la Universidad de Zurich. Consistía en que 36 sujetos sanos memorizasen 60 nombres, sin relación entre unos y otros, que iban apareciendo a intervalos en la pantalla de un ordenador. A los sujetos se les evaluaba cuántas de esas palabras eran capaces de recordar inmediatamente después de aprenderse la lista (memoria a corto plazo) y cuántas recordaban al día siguiente (memoria a largo plazo). Los sujetos repetían el proceso dos veces. En la primera tomaban una tableta de cortisona, precursora del cortisol, y en la segunda, una tableta de un placebo. Cuando los sujetos tomaban la cortisona, las concentraciones de cortisol medidas en la saliva eran similares a las que se alcanzan de forma natural en una situación de estrés grave. En comparación con el placebo, la ingesta de cortisona reducía la memoria para recordar las palabras, sobre todo cuando la tableta se administraba una hora antes del inicio del test de recuerdo del segundo día.

Otra de las estructuras cerebrales que se ve afectada por el estrés crónico es la amígdala, que juega un papel principal en el aprendizaje emocional y en los efectos relacionados con el estrés tanto en lo que se refiere a la conducta como a la regulación del funcionamiento del hipocampo. Por esto, el daño cerebral del estrés crónico causa también daño emocional, ya que la alteración de las conexiones y las estructuras cerebrales hace que el sujeto sea más vulnerable a las presiones de cada día. Al final, esta situación acelera numerosos problemas mentales (ansiedad, depresión).

La magnitud del efecto del estrés crónico sobre el cerebro se pone de manifiesto por el hecho de que las alteraciones mentales relacionadas con el estrés constituyen la enfermedad ocupacional de crecimiento más rápido en Estados Unidos. Además, aumentan el riesgo de accidentes tanto domésticos como laborales.

Afectación de los nervios periféricos

Los nervios son como cables que conectan el cerebro con el resto del organismo. Transmiten señales a gran velocidad (impulso nervioso) mediante una especie de corriente eléctrica. Estos nervios-cables están recubiertos de un material aislante (como los cables eléctricos) de naturaleza grasa que se llama mielina y que permite la conducción del impulso nervioso en las mejores condiciones.

Existen numerosos estudios que muestran que varios moduladores y sustancias asociadas que se liberan durante el estrés pueden deteriorar la cubierta de mielina y ocasionar lo que se denomina desmielinización del nervio, que afecta a la velocidad de conducción nerviosa. Es un proceso parecido al que ocurre en algunas enfermedades nerviosas degenerativas, como la esclerosis en placas y otras.

Exploraciones neurológicas

Si sospechamos que una situación de estrés afecta a alguna de nuestras funciones cerebrales y nerviosas debemos recurrir a un especialista. Un examen neurológico evalúa las habilidades motoras y sensoriales, el funcionamiento de uno o más nervios craneales, la audición y el habla, la visión, la coordinación y el equilibrio, el estado mental y ciertos cambios en el ánimo y en la conducta, entre otros. Para el diagnóstico, son una gran ayuda las técnicas de imagen, como la tomografía axial computerizada (TAC) o la resonancia magnética. Y también técnicas electrofisiológicas como el electroencefalograma y los potenciales evocados somatosensoriales o la magnetoencefalografía.

Drogadicción

Es conocido que los sucesos estresantes pueden conducir al abuso de drogas. El estrés pantostático es uno de los principales responsables de que un individuo abuse del alcohol y de otras sustancias que crean dependencia, por ejemplo el tabaco, así como de la recaída después de un largo periodo de abstinencia. Incluso los niños expuestos a situaciones de estrés severo son más susceptibles al uso de drogas. Numerosos estudios clínicos y epidemiológicos muestran una gran asociación entre situaciones de estrés psicosocial en los primeros años de la vida (pérdida de los padres, abusos, maltrato) y un alto riesgo de depresión, ansiedad, conductas agresivas y abuso de drogas en la edad adulta.

Todas las drogas son placenteras y crean adicción porque actúan sobre determinadas estructuras cerebrales. Pero no todas las personas tienen la misma facilidad para hacerse adictos a una droga; depende de las características genéticas, bioquímicas y fisiológicas de cada uno, por ejemplo, la mayor o menor dotación de receptores neuronales para una determinada sustancia. En el caso del estrés pantostático crónico, lo que sucede es que algunos de los mediadores del estrés y neurotransmisores asociados utilizan las mismas vías neuronales que usan las drogas para producir sus efectos y pueden causar cambios en el cerebro similares a los que inducen algunas drogas. Por eso, la exposición crónica al estrés sensibiliza ciertas vías neuronales, sobre todo aquellas que utilizan la dopamina como neurotransmisor y que están muy relacionadas con la adicción a las drogas. En definitiva, los datos muestran que existe un principio intercambiable entre los efectos del estrés y de los psicoestimulantes, ya que ambos provocan el mismo efecto en los circuitos específicos del cerebro. De ahí que el estrés crónico favorezca la adicción a las drogas.

Una conducta que adquiere los mismos rasgos que una adicción a cualquier droga es la tendencia a comer de manera compulsiva. Hay numerosas razones por las cuales las personas con estrés comen en exceso, apuestan en casinos o buscan satisfacciones hedonistas diversas, como ya se ha comentado al hablar del síndrome metabólico. Los mediadores del estrés, al activar los mismos mecanismos cerebrales que las drogas, hacen desear de manera excesiva las recompensas placenteras.

Un estudio realizado en ratas reveló que, debido a un estímulo, presentaban altos niveles de cortisol en el cerebro (equivalentes a los niveles de los seres humanos con estrés) y mostraban un deseo exagerado por una gratificación (en el experimento fue comer una golosina). La sustancia cerebral del estrés triplicó la intensidad del deseo que tenían por conseguir alimentos con azúcar. Este resultado explica por qué las personas que sufren estrés tienen más posibilidades de sentir antojos más intensos y satisfacerse de manera compulsiva con actividades que generan placer, como comer, apostar, practicar sexo o consumir drogas.

Para saber más

Los ácidos grasos andan sueltos en el estrés

Cada respuesta de estrés se acompaña de la liberación de catecolaminas (adrenalina y noradrenalina). Estos mediadores, al actuar sobre las células adiposas, metabolizan sus depósitos grasos y envían a la sangre una gran cantidad de ácidos grasos. Estas grasas son combustibles de gran calidad para la contracción muscular que en la naturaleza acompaña al estrés. Pero cuando no hay movimiento los ácidos grasos que se han liberado durante el estrés no se consumen, quedan circulando en sangre; si además el individuo es sedentario, estos ácidos grasos no se pueden quemar en un ejercicio físico posterior. A los ácidos grasos sobrantes no les queda otro remedio que ir al hígado para ser reutilizados. El hígado por una parte los empaqueta en forma de triglicéridos. Parte de estos triglicéridos quedan dentro de los hepatocitos dando origen al hígado graso, cuando este proceso se reitera con frecuencia. Otra parte de los triglicéridos salen del hígado para ser distribuidos por el resto del organismo. Además, los ácidos grasos son uno de los principales precursores del colesterol: el hígado transforma los ácidos grasos en colesterol. La situación se agrava cuando coinciden otros factores de riesgo como la obesidad, el sedentarismo y el exceso de dulces y de grasas en la alimentación.

El estrés del subalterno y sus consecuencias

Los funcionarios y los monos estresados mantienen permanentemente niveles elevados de cortisol en sangre. Esta hormona ejerce importantes acciones metabólicas dentro de su misión que es la de proporcionar recursos energéticos para la supervivencia del organismo estresado. Ya hemos visto que uno de los metabolitos más importantes en las emergencias es la glucosa, por eso una de las misiones del cortisol es aumentar la concentración de glucosa en sangre, sacándola de sus depósitos hepáticos y dificultando la acción de la insulina, cuya misión esencial es meter glucosa en las células. Por eso el cortisol induce resistencia a la insulina, el componente esencial del síndrome metabólico y de la diabetes tipo 2. El cortisol es muy diabetógeno y hay que tener precaución de no abusar de este medicamento, de gran uso como antiinflamatorio y antialérgico.

Los estudios realizados en diversos simios sociales han puesto en evidencia la gran influencia que ejerce el rango social en las consecuencias negativas del estrés a varios niveles: adrenocortical, cardiovascular, reproductor, inmunológico y neurobiológico. En los seres humanos ocurre lo mismo cuando se considera el estatus socioeconómico.

Robert Sapolsky ha dedicado parte de su vida científica al estudio del estrés en comunidades de primates como los babuinos y los chimpancés, que viven en grupos estables que se caracterizan por las interrelaciones de dominación y subordinación entre sus miembros. Esta circunstancia influye en el grado de estrés de los individuos, sus patrones alimentarios, sus pautas de reproducción y su estado de salud. En estas comunidades los animales subordinados desarrollan un gran nivel de estrés ya que se hallan sometidos al dominio tiránico del macho más poderoso, que es quien controla los emparejamientos, la reproducción y la alimentación. Estos monos estresados presentan niveles elevados de mediadores de estrés, en especial aumentos de cortisol en sangre e hiperactividad del sistema simpático y desarrollan alteraciones similares a las que se encuentran en personas con síndrome metabólico y acaban muriendo de problemas cardiovasculares. Resultados similares se han encontrado en ratas de laboratorio. Dos estudios tratan estos efectos del estrés en monos y en funcionarios:

Chandola, T., Brunner, E., Marmot, M. Chronic stress at work and the metabolic syndrome: prospective study. British Medical Journal. 332: 521-525.2006.

Sapolsky, R.M. The influence of social hierarchy on primate health. Science. 308: 648-652, 2005.

Obesidad y estrés

La obesidad está relacionada directa e indirectamente con el estrés crónico. Son diversas las vías a través de las cuales una situación crónica de estrés y la obesidad pueden desencadenar síndrome metabólico y enfermedad cardiovascular. La hipertrofia y la hiperplasia de los adipocitos hace que liberen mediadores inflamatorios que ocasionan alteraciones en órganos diversos como hígado, páncreas endocrino, músculos, miocardio y paredes vasculares.

Un mediador del sistema simpático, el NPY (neuropéptido Y), juega un papel importante en la obesidad asociada al estrés. El NPY se libera directamente sobre las células adiposas, allí actúa sobre unos receptores específicos (Y2) y estimula la formación de nuevas células adiposas a partir de precursores (preadipocitos), su llenado de grasa (adipogénesis) y además estimula la vascularización de ese tejido adiposo que crece (angiogénesis). Esto ocurre fundamentalmente en la grasa abdominal, ya que esas células tienen receptores para el NPY. Esta situación anormal ocasiona la transformación de las células adiposas, algunas de las cuales están tan llenas de grasa que se rompen, y que liberan adipocitoquinas inflamatorias y contribuyen a crear unos estados inflamatorios generalizados y a la producción de gran cantidad de radicales libres (estrés oxidativo).

En este tipo de estrés pantostático jerárquico y laboral, cuando la persona consume gran cantidad de calorías en forma de alimentos y de alcohol, adquiere una especial importancia un componente del sistema nervioso simpático: el NPY, como se ha demostrado en estudios realizados en personas, en primates y en ratas, y también en neuronas simpáticas cultivadas *in vitro*.

El NPY es un neurotransmisor que se libera en los nervios simpáticos frente a estímulos estresantes, sobre todo en situaciones de un exceso de alimentos grasos y dulces. Parece ser que estos alimentos activan, mediante mecanismos epigenéticos, la expresión de los genes que sintetizan el NPY en las neuronas del sistema nervioso simpático en respuesta a un estrés. Esta hiperalimentación potencia la respuesta de cortisol y este exceso de cortisol también potencia la secreción de NPY. Si a las neuronas simpáticas en cultivo *in vitro* se les crea una situación de estrés adicionando un corticoide en su medio de incubación, responden secretando NPY. Algunas publicaciones que tratan el asunto de la relación entre estrés y obesidad:

De Ferranti, S. y Mozaffarian, D. The perfect storm: obesity, adipocyte dysfunction, and metabolic consequences. Clinical Chemistry. 54: 945-955, 2008.

Kuo, L.E. y cols. Chronic Stress, Combined with a High-Fat/High-Sugar Diet, Shifts Sympathetic Signaling toward Neuropeptide Y and Leads to Obesity and the Metabolic Syndrome. Annals New York Academy Sciences. 1148: 232-237, 2008.

Virtue, S., y Vidal-Puig, A. Adipose tissue expandability, lipotoxicity and the Metabolic Syndrome-an allostatic perspective. Biochim Biophys Acta. 1801: 338-349, 2010.

El estrés crónico es una de las principales causas de cáncer, y numerosas publicaciones demuestran los diferentes mecanismos a través de los cuales se produce esta funesta consecuencia del estrés. El punto de vista neurobiológico sugiere la conexión entre los mecanismos hormonales, nerviosos e inmunológicos en el desarrollo del cáncer.

Gerlinger, M. y Swanton, C. How Darwinian models inform therapeutic failure initiated by clonal heterogeneity in cancer medicine. British Journal Cancer. 103: 1139-1143, 2010.

Ondicova, K. y Mravec, B. Role of nervous system in cancer aetiopathogenesis. Lancet Oncol. 11: 596-601, 2010.

Sirera, R. y cols. Inmunología, estrés, depresión y cáncer. Psicooncología. 3: 35-48, 2006.

Taby, R. e Issa, J.P.J. Cancer Epigenetics. A Cancer Journal for Clinicians. 60: 376-392, 2010.

Estrés y afectación cerebral

El cerebro es otro de los órganos que sufren las consecuencias del estrés pantostático crónico. El cerebro adulto es más adaptable de lo que antes se creía. El cerebro muestra una capacidad de cambio que se denomina plasticidad: cambio en el número de neuronas y en el de sus conexiones.

La persistencia de niveles elevados de cortisol y de los otros mediadores de estrés ejercen efectos perjudiciales sobre las neuronas de ciertas áreas cerebrales del sistema límbico, en especial el hipocampo y la amígdala, que son las que juegan un papel central en el aprendizaje, la memoria y las emociones. El cortisol es mucho más importante que la adrenalina, ya que esta solo permanece unos pocos minutos actuando, mientras que los niveles elevados de cortisol actúan durante horas. El exceso de cortisol daña las estructuras cerebrales por sí mismo y además interfiere con la función de los neurotransmisores, las sustancias químicas que las células cerebrales usan para comunicarse entre sí.

El hipocampo juega un papel central en dos aspectos interesantes en relación al estrés, por una parte es la estructura responsable de la formación de la memoria declarativa (explícita) estable, necesaria para recordar el acontecimiento estresante y, por otra parte, es un regulador de la producción de hormonas del estrés, algo así como si vigilara que la respuesta neuroendocrina del estrés fuera la justa, que no sea excesiva. Por todo ello, es la estructura del cerebro con mayor concentración de receptores para los corticoides. Numerosos estudios en humanos y animales muestran que el estrés crónico y el exceso de hormonas de estrés deterioran las formas de memoria dependientes del hipocampo. Además de afectar a la memoria y a la plasticidad sináptica, el estrés y el cortisol pueden alterar la morfología de las conexiones entre las neuronas (dendritas) del hipocampo e inhibir la neurogénesis en el cerebro adulto, proceso que está relacionado con el aprendizaje y la memoria.

McEwen, B.S. Central effects of stress hormones in health and disease: understanding the protective and damaging effects of stress and

stress mediators. European Journal Pharmacology. 583: 174-185, 2008.
—, Stress, sex, and neural adaptation to a changing environment: mechanisms of neuronal remodeling. Annals of the New York Academy of Sciences. 1204: 38-59, 2010.

Estrés y envejecimiento

El estrés crónico acelera el proceso de envejecimiento. Esto se descubrió por un grupo de psiquiatras y bioquímicos que estudiaron qué sucede con el material genético de madres que tienen a su cargo el cuidado de sus hijos enfermos de gravedad. En estas publicaciones están los detalles:

Epel, E. y cols. Accelerated telomere shortening in response to life stress. Procceding National Academy Science USA. 10: 17312-17315, 2004.
Epel, E.S. Psychological and metabolic stress: A recipe for accelerated cellular aging? Hormones. 8: 7-22, 2009.

Estrés y drogadicción

El estrés mantiene una peligrosa relación de doble vía con las drogas: por una parte las drogas agravan las consecuencias del estrés y, por otra, el estrés crónico promueve la adicción.

Dmitri, Y. Z. y cols. Drug-induced and Genetic Alterations in Stress-Responsive Systems: Implications for Specific Addictive Diseases. Brain Research. 16: 235- 252, 2010.

14

Prevención y tratamiento del estrés pantostático

A estas alturas del libro, confío en que habrá quedado claro que las personas en general y los profesionales en particular entienden de manera diferente lo que es el estrés, y que en muchas ocasiones se confunde la causa con el efecto. Por esta razón, una de las premisas para enfrentarse con éxito a lo más importante de todo este asunto del estrés (prevenirlo y evitar sus daños) es realizar un diagnóstico correcto de la situación estresante. Si vemos a una persona que no para quieta, que se irrita con facilidad, que sufre taquicardia y palpitaciones, que tiene diarrea, que adelgaza a pesar de que come mucho y que le tiemblan las manos, podemos pensar que sufre de estrés, y sin embargo lo más probable es que padezca un hipertiroidismo.

Hay mucha gente que está siguiendo sin necesidad diversos tratamientos contra el estrés, algunos muy peligrosos para su salud, y otros inútiles, sencillamente porque puede que padezcan alguna de las muchas enfermedades mentales o endocrinológicas cuyas manifestaciones coinciden con las del estrés pantostático crónico. Y eso sin dejar de tener en cuenta que pueden coexistir a la vez cualquier enfermedad endocrinológica o mental y una situación de estrés.

Cuando sospechemos que la causa de las molestias que padecemos puede ser una situación de estrés crónico, antes de tomar ninguna decisión terapéutica hay que hacer un diagnóstico preciso. Esta no es tarea fácil por la imprecisión de los síntomas y signos físicos que suelen presentar los afectados por un estrés pantostático crónico.

Síntomas psicológicos

Asociados al estrés, se dan una serie de síntomas psicológicos que pueden agruparse en tres categorías.

1. Síntomas cognitivos

Incluyen una larga lista, como problemas de memoria, indecisión, incapacidad para concentrarse en una tarea, problemas para pensar con claridad, poca capacidad de enjuiciamiento, ver solo lo negativo, tener pensamientos ansiosos o competitivos, preocupación constante, pérdida de objetividad, miedo anticipatorio. Es difícil reconocer estos síntomas como manifestaciones de una situación de estrés, ya que pueden estar presentes en numerosas afecciones mentales.

2. Síntomas emocionales

También son muy variados. Aquí la cuestión es que los síntomas dependen en gran parte de las circunstancias y de la personalidad del sujeto. Se pueden presentar en forma de malhumor, agitación, inquietud, poco aguante, irritabilidad, impaciencia, incapacidad para relajarse, sentimientos de tensión, de infelicidad, de estar siempre en el filo de la navaja, de soledad y aislamiento, de estar sobrepasado por los acontecimientos, de tener depresión o ansiedad.

3. Síntomas relacionados con la conducta

En este caso, la gama de posibilidades puede abarcar una manifestación y la contraria. Por ejemplo, comer mucho o comer poco, dormir mucho o dormir poco, autoaislamiento, tendencia a retrasar las tareas o las decisiones, desatender responsabilidades, consumir alcohol, tabaco y drogas justificándose con que son para relajarse, incurrir en hábitos nerviosos como comerse las uñas, rumiar, tener hiperactividad, pelearse frecuentemente con compañeros o familiares.

Signos físicos y síntomas

Con frecuencia se mezclan entre ellos las manifestaciones del propio estrés, es decir, las desencadenadas por el exceso crónico de mediadores que circulan por nuestro organismo, o las manifestaciones de las complicaciones que se hayan podido desarrollar. Cualquier persona que padezca un estrés crónico puede sufrir dolores de cabeza (cefaleas, migrañas), dolores de espalda, tensión muscular y tortícolis, diarrea o estreñimiento, náuseas y sensación de mareo, insomnio, dolor en el pecho, palpitaciones, taquicardia, ganancia o pérdida de peso, sudoración abundante, manifestaciones cutáneas, úlceras, vulnerabilidad a infecciones, resfriados frecuentes, dolores musculares y articulares, hiperventilación, hipertensión, alteraciones de la glucemia y de las grasas, asma y enfermedades autoinmunes, impotencia, infertilidad.

Principios generales de tratamiento y prevención

Un enfoque darwiniano del estrés pantostático nos proporciona las claves fundamentales para evitar que se desarrolle y, si ya lo padecemos, nos indica la manera correcta de actuar para revertirlo y que sus efectos no sean perjudiciales para nuestra salud. Consideraremos cuatro niveles sobre los que hay que actuar.

Evitar la situación que ocasiona el estrés

Lo principal siempre es la prevención, que es el objetivo de la llamada «estrategia de evasión». Es recomendable identificar primero aquellos momentos y circunstancias que nos producen estrés innecesariamente y evitarlos después. Siempre que podamos, debemos eludir aquellos lugares, actividades o encuentros que pueden desencadenar en nosotros una respuesta de estrés. Por ejemplo, modifiquemos nuestra ruta de trote para no pasar por el lugar donde suele estar ese perro que nos amenaza, busquemos alguna distracción (estudiar inglés, escuchar música) que nos haga soportable ese atasco de tráfico de cada día, procuremos no coincidir a la hora del café con ese insoportable compañero de oficina, etc.

Usted pensará que se trata de huidas. ¡Claro que sí!, pero ya hemos dicho que nuestro organismo está diseñado precisamente para huir o luchar (o hacerse el muerto) ante cualquier amenaza. No hay diseño evolutivo para aguantar una y otra vez la reiteración constante de un agente que nos provoca estrés. Eso no está previsto en la naturaleza, por lo tanto no está contenido en nuestros genes. Si algún antecesor nuestro hubiera ido en tres ocasiones a beber a una charca determinada y las tres veces hubiera sido atacado por un león, su diseño evolutivo le habría indicado que debía evitar esa charca en lo sucesivo. No imaginamos a ese antecesor murmurando algo así: «Está listo ese león chulito si cree que voy a dejar de ir a esa charca a beber porque se ha hecho el mandón de la zona». En nuestro ejemplo, el oficinista Juan Pérez debería procurar ser más diligente en su tarea para evitar que el jefe le tenga que llamar la atención.

Este planteamiento es en muchas ocasiones difícil de poner en práctica. Puede que nuestro antecesor paleolítico no tuviera opción, porque no existía otra charca en muchos kilómetros a la redonda durante la época de sequía. Y a Juan, el oficinista, el jefe le hace la vida imposible a ver si se acaba hartando y se busca otro trabajo porque necesita reducir la plantilla. En los casos en los que sea imposible eludir la situación estresante, se pasa a la opción siguiente.

Entrenar nuestro cerebro

Este es el fin de la llamada «estrategia de anticipación», que permite anticiparse a la situación estresante, lo que faculta nuestra mente para resolver los principales interrogantes sobre las acciones que hay que tomar y se sienta segura con los pasos que debe dar.

Nuestro cerebro es relativamente fácil de entrenar para que aquellos sucesos previsibles o cotidianos dejen de percibirse como una situación estresante. Nuestro ancestro paleolítico, que solo tiene esa charca para beber, se acaba habituando a acercarse a la charca con todas las precauciones posibles y estudia cuál es el mejor momento del día; así evita ser sorprendido por las fieras. El oficinista Juan Pérez, que necesita el trabajo y el mercado laboral está flojo, puede mentalizarse para aceptar su situación y asumir la dosis diaria de acoso, como asume otros acontecimientos diarios inevitables y molestos, como la lluvia, el viento o el tráfico. Pero si no podemos ignorar esos agentes estresantes y nos causan daño, pasamos a la opción 3.

Reducir la producción de mediadores de estrés

Ha quedado claro que lo que nos enferma no es el estrés en sí mismo, sino los efectos negativos de los mediadores que se liberan durante el estrés y que persisten semanas o meses cuando esa situación estresante es crónica. Por eso, si Juan Pérez se estresa cada mañana cuando aparece el jefe para abroncarlo, no le queda más remedio que recurrir a diversas técnicas que permiten que se liberen menos mediadores de estrés y así preservar su organismo de los efectos negativos que ese estrés ineludible tiene para su salud. Son de gran eficacia demostrada las técnicas de relajación, de meditación o de control de la respiración. Pero si Juan Pérez, por sus circunstancias personales o laborales, no es capaz de poner en práctica de inmediato estas «estrategias de inhibición de la respuesta» tras el suceso estresante y, en consecuencia, cada mañana se liberan en su organismo, sin trabas y en gran cantidad, todo el catálogo de mediadores de estrés, en este caso nos queda la opción cuatro.

Amortiguar los efectos negativos de los mediadores

Una vez liberados, los mediadores de estrés comienzan a circular por la sangre o a descargarse en los nervios simpáticos. A lo largo de las horas siguientes van actuando sobre todas nuestras células y ejerciendo sus acciones perjudiciales para la salud. A Juan Pérez le queda una última oportunidad. Se trata de neutralizar o amortiguar los efectos indeseables de los mediadores mediante las «estrategias de neutralización», lo que puede lograrse con el ejercicio físico, una alimentación saludable y, en situaciones de especial gravedad, recurriendo a la medicación adecuada.

Vamos a comentar y describir algunas de las técnicas que permiten atajar estos efectos negativos en cualquiera de los cuatro niveles.

El control de nuestra mente

Que el estrés ocurra y que ocasione daño no depende, en la mayor parte de los casos, de los parámetros físicos del estímulo medioambiental, sino del modo en que el organismo percibe y reacciona ante un determinado estímulo. Ya hemos reiterado que es el cerebro el que decide qué es y qué no es una situación estresante. Esta tarea cerebral está condicionada por numerosas variaciones individuales que se basan en parámetros genéticos de experiencias personales previas, de desarrollo infantil y de conductas aprendidas. Las diferencias son grandes. Por ejemplo, algunas personas son más productivas bajo presión, otras se sienten muy tensas y por eso trabajan mejor en un ambiente más relajado. Algunos se sienten felices ayudando a familiares y amigos en los momentos difíciles, y otros no soportan ejercer el altruismo.

La susceptibilidad para que una situación nos provoque un estrés dañino viene determinada por un parámetro de nombre anglosajón, «la resiliencia», que se puede traducir por adaptabilidad, flexibilidad, recuperabilidad, elasticidad. A la resiliencia se la define como la capacidad para adaptarse con éxito cuando nos enfrentamos a circunstancias dramáticas. Es como el comportamiento de una goma elástica. Si se la estira cientos de veces llega a perder elasticidad, y si se la estira demasiado, una sola vez, puede romperse. En este caso, también son importantes las influencias genéticas, es decir, si la goma elástica tiene algún defecto de fabricación, puede perder antes la elasticidad o romperse con un pequeño estiramiento.

Hoy sabemos que la respuesta psicobiológica al estrés está determinada por la intervención de numerosas hormonas, neurotransmisores y neuropéptidos. Las diferencias en la función, las interacciones y el equilibrio entre estos mediadores actúan como responsables de la gran variabilidad en la resiliencia al estrés que manifiestan los diferentes individuos. Los sistemas más íntimamente implicados en la resiliencia son el eje hipofisario y adrenal (el cortisol), el sistema nervioso simpático (adrenalina y noradrenalina), el sistema serotoninérgico (serotonina) y el sistema dopaminérgico (dopamina).

En definitiva, el daño que puede causarnos una situación de estrés dependerá del tipo y magnitud del estrés, de la susceptibilidad personal al daño, de los recursos de autoprotección que seamos capaces de poner en marcha, de la autoestima y del soporte social y familiar. Esta es la ecuación del daño que puede ocasionar el estrés:

$$\text{Daño} = \frac{\text{Tipo de amenaza pantostática} + \text{vulnerabilidad personal}}{\text{Recursos de protección} + \text{autoestima} + \text{soporte social}}$$

Por ello es tan importante la psicoterapia en el tratamiento del estrés y en la prevención de sus consecuencias patológicas. Existen numerosas técnicas, y los métodos dependen de las diferentes escuelas. En cualquier caso, se debe recurrir a una persona científicamente cualificada y tener en cuenta que es un proceso que requiere dedicación y tiempo para obtener resultados positivos.

Técnicas cognitivas y de conducta

El cerebro humano es una máquina extraordinaria, un prodigio de la naturaleza. Si lo comparamos con un ordenador, nuestro cerebro posee un *hardware* de fábrica (las estructuras cerebrales que se originan durante el desarrollo embrionario) al que se le van añadiendo los correspondientes programas (*software*) para permitirle desarrollar todas sus funciones. De la misma forma que el informático corrige mediante unos misteriosos programas las cosas raras que hace nuestro ordenador, nosotros tenemos la posibilidad de corregir el mal funcionamiento de algunos programas cerebrales. La clave es aplicar técnicas de psicoterapia que permiten reducir los efectos negativos del estrés mediante el desarrollo de nuevos patrones de pensamiento y de conducta.

La aplicación de una u otra técnica dependerá del diagnóstico que haga el especialista, de las circunstancias personales del sujeto y del tipo de agente estresante que le afecte. Los beneficios de la intervención cognitiva sobre el estrés solo pueden obtenerse después de una práctica regular durante algún tiempo. Cuando aprenda la técnica, deberá buscar un lugar tranquilo donde pueda practicar sus ejercicios sin distraerse. Asimismo, es conveniente hacerlo diariamente, ya que la reiteración ayudará a desarrollar los nuevos patrones de pensamiento y de conducta que de forma gradual se convertirán en automáticos.

El control de la respiración

El control voluntario de la respiración es uno de los métodos más sencillos y eficaces que minimizan la situación de estrés e inhiben la excesiva producción de mediadores.

La función principal de la respiración es introducir en nuestro organismo el oxígeno que necesitan nuestras células para el metabolismo y expulsar al exterior parte del CO_2 y del vapor de agua que se produce en las combustiones internas. Esto se consigue mediante la expansión y retracción rítmica de los pulmones, lo que se logra gracias a la contracción de los músculos respiratorios. El proceso es automático, independiente de la voluntad y ajustado en cada momento a las necesidades del organismo.

Aunque los movimientos respiratorios son automáticos, es decir, que ocurren unas dieciséis veces por minuto sin que tengamos que pensar en ello, los músculos respiratorios también dependen de nuestra voluntad. Hasta ahora mismo usted estaba respirando sin advertirlo, pero en este momento le pido que deje de respirar; puede hacerlo sin ningún problema. También si le sugiero que pruebe a respirar deprisa, verá que también es fácil de cumplir.

Es decir, nosotros podemos controlar mediante nuestra voluntad el ritmo de nuestra respiración. Numerosos estudios muestran que el control de la respiración según unas determinadas pautas es una de las estrategias más sencillas y eficaces para hacer frente a las situaciones de estrés y para manejar sus consecuencias negativas. Es curioso que nuestro organismo responda espontáneamente ante ciertas situaciones que nos conmueven o nos aburren mediante cambios en el ritmo respiratorio, por ejemplo los suspiros o el bostezo.

Las técnicas de control de la respiración son muy antiguas, y su base es el yoga. En la filosofía yoga, el «prana» es la suma total de la energía del universo. Esta energía o aliento vital se encuentra en todas las cosas, animadas o inanimadas. Nuestro organismo absorbe el prana a través de la comida, de la bebida y del aire que respiramos. Pero para los yoguis respirar es aún más que captar el prana. La respiración está conectada con la mente y mediante una serie de técnicas de respiración controlada, que se denominan «pranayama», puede cargar su organismo y determinados centros vitales llamados «chacras» de esa energía vital y controlar así su mente.

La ciencia actual, aunque reconoce los beneficios de la respiración profunda controlada para combatir el estrés, desconoce el mecanismo íntimo por el que ejerce sus efectos beneficiosos. Se han propuesto numerosas teorías, aunque ninguna aclara este asunto.

Los movimientos respiratorios están gobernados por dos grupos de músculos. Unos son los músculos intercostales que, cuando se contraen, separan las costillas y hace aumentar el volumen de la caja torácica. Deje un momento de leer y contraiga y relaje sus músculos intercostales. Verá cómo las paredes del tórax se mueven. Pero el músculo respiratorio más importante es el diafragma, una lámina muscular horizontal que separa el tórax del abdomen. Cuando se contrae, desciende y presiona el abdomen, que al aumentar la presión se abomba hacia afuera y aumenta el tamaño del tórax. Esto permite que los pulmones se expandan y se llenen de aire. Coloque la palma de la mano sobre el vientre y al inspirar contraiga el diafragma, verá cómo la pared del abdomen se desplaza hacia adelante. Luego espire y relaje el diafragma, constatará que la pared del abdomen se mete para adentro.

La respiración profunda, controlada, es una respiración completa en la que intervienen todos los músculos respiratorios con el fin de lograr el máximo movimiento muscular y en la que el diafragma juega un papel muy importante; por eso también se la denomina respiración abdominal. Vamos a ver cómo se puede aprender a respirar de esta forma.

Lo primero que hay que hacer es controlar el movimiento de los músculos respiratorios y, por lo tanto, el movimiento de los pulmones. Vamos a hacer una prueba. Hay que sentarse en una postura cómoda, desabrocharse lo que sea preciso para que nada nos oprima, y adoptar una actitud relajada. ¿Ya está? Bien, lo primero es expandir la parte superior de las costillas, la zona que cae entre los hombros. Inténtelo varias veces. Luego expanda la parte media de las costillas. Al principio es un poco complicado, pero enseguida se aprende. A continuación expanda la parte inferior de las costillas Y ahora vamos con el diafragma. Repita los movimientos que hemos visto antes y compruebe el abombamiento del abdomen con la palma de la mano.

Es necesario practicar un par de veces al día estos movimientos hasta lograr una inspiración completa: primero parte superior de las costillas, luego parte media, a continuación parte inferior y finalmente el diafragma. Los pulmones están completamente llenos de aire. Ahora emprendemos el movimiento en sentido inverso, la espiración. Primero relajamos el diafragma, luego las costillas inferiores, las medias y las superiores. Debemos practicar este movimiento respiratorio por etapas hasta que lo dominemos. Si en cualquier instante nos entra ahogo, respiramos con normalidad durante un minuto y retornamos a los ejercicios.

El siguiente paso consiste en realizar la respiración profunda de una forma continua pero sin omitir ninguna de sus fases. Inspiración y espiración con calma, sin ahogarnos, sin que suponga un esfuerzo excesivo. Hay que procurar que la espiración dure el doble que la inspiración. Por ejemplo, si comenzamos por 2 o 3 segundos de inspiración, la espiración debe durar entre 4 y 6 segundos. Conviene verificar al principio con un reloj o metrónomo. No es adecuado utilizar como medida nuestras propias pulsaciones cardiacas, ya que, como podemos comprobar fácilmente, el corazón cambia de ritmo según en qué fase de la respiración nos encontremos.

Una vez que hemos conseguido mantener este ritmo de la respiración profunda, pasaremos a entrenar el aspecto más importante de la respiración profunda: se trata de detener la respiración entre la inspiración y la espiración. Hasta ahora, en nuestros ejercicios, la inspiración seguía inmediatamente a la espiración. Pero la respiración profunda, para que sea eficaz, exige que haya una pausa entre uno y otro movimiento respiratorio. Para ello, comenzamos por intercalar una pausa de dos a cuatro segundos entre inspiración y espiración.

Debemos practicar la respiración profunda con asiduidad, durante unos cinco minutos un par de veces al día y siempre que nos veamos sometidos a una situación de tensión que preveamos que va a desencadenar en nuestro organismo una situación de estrés. Debemos hacerlo de una forma relajada y cómoda, no forzada y sin brusquedades. Es fundamental que nuestro pensamiento se concentre exclusivamente en la actividad de nuestros pulmones, en visualizar los movimientos de nuestro tórax. Si en cualquier momento sentimos sensación de ahogo o un ligero mareo, hay que detener el ejercicio y recuperar la respiración normal. Cuando todo se normalice, podemos continuar con el ejercicio.

Relajación muscular progresiva

Nuestros músculos tienen dos estados fundamentales: contracción, que es cuando realizan un esfuerzo (apriete con fuerza el puño para verificar qué es una contracción muscular), y relajación, que es cuando el músculo está en reposo (deje ahora la mano suelta, reposando sobre su pierna). Pero hay algo más. Tóquese con una mano los músculos de la pierna o los del otro brazo. Observará que los músculos mantienen una cierta tensión constante, eso es el tono muscular, una especie de ligero estado de contracción permanente en el que están todos nuestros músculos.

Ya hemos visto que una de las características del estrés es la contracción muscular, por eso es fácil comprender que las técnicas de relajación sean tan eficaces para combatir los efectos negativos del estrés. Por supuesto, la relajación tiene siempre que ir acompañada del control de la respiración.

La relajación muscular es también una técnica que tiene su origen en el yoga. Desde el punto de vista de la filosofía oriental, la actividad, el trabajo, las tensiones y, por supuesto, el estrés consumen prana, y si hay poco prana pueden desarrollarse enfermedades y se bloquean los procesos de meditación, tan esenciales en el camino del yogui para unirse con la energía universal. Los yoguis cargan de vitalidad los músculos y el resto del organismo mediante el pranayama (control de la respiración) y la relajación.

Cuando nos relajamos ocurre algo similar a lo que hemos comentado para la respiración profunda. Numerosos estudios muestran los enormes beneficios de la relajación muscular para combatir el estrés y aminorar sus efectos indeseables. Pero no sabemos exactamente cómo actúa. Hay que tener en cuenta que el cerebro y los músculos están siempre conectados por una doble vía. El cerebro manda órdenes (impulsos nerviosos) al músculo cada vez que se requiere su contracción. Pero también envía impulsos continuos para mantener el músculo en un buen estado nutricional y funcional (un buen estado trófico). Esta es la causa de la atrofia que sufren los músculos a los que se les interrumpe la conexión nerviosa con el cerebro, por ejemplo por una lesión (accidente) o por una infección (poliomielitis). Pero también la actividad muscular influye en el desarrollo y el funcionamiento del cerebro, como se demuestra en numerosos estudios neurológicos.

Ahora vamos a ver cómo debemos realizar una sesión de relajación. Se debe comenzar por la respiración profunda y, a continuación, con los ojos cerrados, empezamos a contraer y relajar diversas partes del cuerpo para aprender las órdenes y sensaciones que se producen cuando se contraen y se relajan los músculos correspondientes. Comenzamos por los pies, luego las pantorrillas, las rodillas, los muslos, las caderas y la zona genital, el vientre, el tórax, los hombros, luego las manos y los antebrazos. Por último, nos concentramos en el cuello, la cara y orejas, la frente y el cuero cabelludo. Insisto, en esta primera etapa solo se trata de contraer y relajar cada parte del cuerpo en el orden descrito, concentrando nuestra mente en ese punto concreto y manteniendo la respiración profunda. Algunas personas muy predispuestas pueden dominar esta fase en dos o tres sesiones. A otras les cuesta un poco más.

Para la relajación muscular propiamente dicha procederemos como sigue. En un lugar silencioso, sentados cómodamente o tumbados (cama dura, alfombra o colchoneta en el suelo) y con los ojos cerrados. Iniciamos la respiración profunda y concentramos nuestra mente en los movimientos respiratorios. Cuando estos sean regulares, comenzamos la relajación. Se trata de representar en nuestra mente cada parte del cuerpo que vamos a relajar, imaginando los huesos, tendones, músculos y venas que lo forman. Entonces, comenzamos a mandar órdenes desde nuestro cerebro para que se relajen los músculos de esa zona en concreto. Pensaremos, por ejemplo, que los pies cada vez pesan más, que parece que se clavan en el suelo. Luego lo que nos pesa son las pantorrillas, que se hunden en la superficie sobre la que estemos, y procedemos igual con los muslos. Ahora parece que nuestras piernas se hunden en el suelo.

Y así con el resto de nuestro cuerpo. Por ejemplo, al relajar los brazos y los hombros sentiremos que se hunden en el suelo. Cuando lleguemos a los músculos de la cara, nuestra boca se entreabre y los carrillos se aflojan. De esta forma llegaremos incluso a relajar el cuero cabelludo, los músculos que tenemos debajo de los pelos de la cabeza.

Así vamos procediendo con cada parte. Cuando terminemos debemos tener la sensación de que pesamos mucho, de que parece que nos vamos a hundir como si el suelo fuera agua. Relajarse cuesta un poco al principio, de modo que en los primeros intentos podemos circunscribir nuestro entrenamiento solo a una parte de nuestro cuerpo. Con la práctica lograremos relajarnos con más rapidez hasta conseguir relajar del todo nuestro cuerpo en una sola sesión que no debe durar más de diez minutos.

Entrenándose, algunas personas adquieren gran facilidad para relajarse rápidamente y casi en cualquier sitio (hasta en el metro). Debemos practicar la relajación una vez al día, por ejemplo al llegar a casa después de una jornada tensa, o en mitad de la jornada laboral si estamos desempeñando un trabajo que requiere gran tensión.

La meditación

La meditación es una técnica que también procede de la filosofía oriental y se ha desarrollado bajo diferentes formas en la sociedad occidental, con notables beneficios en el tratamiento de diversas afecciones tanto físicas como psíquicas. La meditación en su vertiente occidentalizada no tiene nada que ver con la religión, ni con misticismos, solo es una técnica psicológica para lograr focalizar el pensamiento y relajar la mente. Además tiene, entre otros, el beneficio de combatir los efectos del estrés. Para obtener el máximo provecho de la meditación, es aconsejable aprender la técnica con un profesional cualificado.

La meditación mejora el equilibrio cognitivo y también nuestra aptitud frente a los acontecimientos que percibimos como amenazas. Incluso interviene en las habilidades de regulación emocional: aumenta la conciencia de las emociones y la voluntad de tolerar y aceptar las situaciones que desencadenan angustia, y reduce la reactividad emocional ante determinados acontecimientos.

Además, algunos tipos de meditación parecen reducir los niveles de los mediadores de estrés. La meditación trascendental, una técnica de concentración que utiliza la repetición silenciosa de una palabra, frase o jaculatoria religiosa (mantras), se ha estudiado con detalle. Al parecer, reduce la presión arterial sistólica y diastólica a niveles comparables al tratamiento farmacológico y mejora el ritmo cardiaco. También parece reducir el cortisol basal y los picos de secreción de cortisol en respuesta a un determinado estrés. Estudios muy recientes han demostrado, además, que la meditación puede influir en la expresión genética, en el sentido más favorable, para defendernos mejor del estrés.

Para que la meditación sea eficaz debemos practicarla durante diez minutos cada día, a una hora que nos permita concentrarnos en la tarea, sin prisas y sin que haya nada que nos interrumpa. Nunca la meditación debe ser una nueva fuente de estrés.

Es importante que busquemos un lugar silencioso donde nadie nos moleste. Incluso podemos colgar un cartel de advertencia en la puerta. Debemos sentarnos lo más cómodamente que podamos, no hay que retorcer las piernas en posturas complicadas. Lo mejor es un sillón confortable que nos permita una postura cómoda y apoyar las plantas de los pies en el suelo. A unas personas les ayuda una música relajante, pero a otras les distrae.

Con los ojos cerrados, debemos comenzar por practicar la respiración profunda y la relajación. Una vez relajados y manteniendo el ritmo respiratorio, podemos comenzar la meditación propiamente dicha.

Hay que procurar suprimir con delicadeza cualquier pensamiento que nos distraiga de nuestro cometido. Si aparecen, no se retienen y se eliminan como si se vertieran a través de un sumidero.

Lo primero es elegir una palabra, imagen o frase focalizadora que va a guiar nuestra meditación. Cualquiera vale. Si se es religioso, puede elegirse una jaculatoria, pero también sirve un lema de paz o de ecología o un pensamiento de amor por los demás, una imagen de un paisaje, una montaña nevada, un fragmento musical, etc. Durante diez minutos, hay que evocar esta frase o imagen para nuestros adentros, como si llenara todo nuestro cerebro cada vez que exhalamos el aire de nuestros pulmones.

Los principiantes suelen quejarse de que al poco tiempo se distraen con pensamientos, sentimientos, sonidos o sensaciones físicas y pierden el enfoque en el objeto elegido. El proceso de distraerse se repite una y otra vez durante la práctica de la meditación. Hay que insistir con delicadeza hasta reforzar la estabilidad de la atención.

Tras concluir el tiempo de meditación hay que permanecer sentados uno o dos minutos para recuperarse y dejar que los pensamientos invadan con libertad nuestra mente mientras vamos activando nuestros músculos y pasando a la respiración automática. Después abriremos los ojos y nos levantaremos para continuar con nuestras tareas.

Bioinformación (*Biofeedback*)

Existen otros muchos métodos que, con mayor o menor eficacia, nos pueden ayudar a combatir el estrés y a minimizar sus efectos negativos. Una de estas técnicas es la bioinformación.

Es un aprendizaje del control voluntario de las funciones fisiológicas y de las actividades automáticas. Este método nos permite ser conscientes de las reacciones de nuestro organismo y lograr un autocontrol que nos proporcione salud.

Consiste en conectar a la persona a un ordenador que registra numerosos parámetros de nuestro cuerpo, como las ondas cerebrales, la temperatura corporal, la conductividad de la piel, el funcionamiento de nuestro corazón (electrocardiograma), la presión arterial, el grado de tensión de los músculos y el ritmo y la profundidad de la respiración.

Se denomina *biofeedback* porque el sistema funciona de manera similar al mecanismo de retroalimentación que se ha descrito al hablar de la homeostasis. La persona tiene conocimiento de las variaciones en sus parámetros mediante sonidos y ondas que aparecen en un monitor. Cada cual intenta controlar mentalmente cada parámetro para acercarlos a los valores basales. De esta forma controla su presión arterial o incluso sus latidos cardiacos. Este aprendizaje le servirá para aplacar los efectos de una situación de estrés aunque ya no esté conectado a la máquina.

Ejercicio físico

Ya hemos visto que la principal respuesta de cualquier ser vivo ante una amenaza pantostática de cualquier tipo es la contracción muscular para luchar, huir o hacerse el muerto. Gran parte de los mediadores neuroendocrinos que se ponen en marcha durante el estrés pantostático tienen el objetivo de preparar esta acción muscular inevitable. Sin embargo, en nuestra sociedad civilizada no podemos reaccionar con ninguna de esas respuestas musculares ante las agresiones pantostáticas que sufrimos cada día. En la mayor parte de los casos tenemos que permanecer quietos sin mover ningún músculo mientras nuestra sangre se va inundando de mediadores de estrés, de glucosa y de ácidos grasos. Por eso, a lo largo del día vamos acumulando una «deuda muscular pantostática» que debemos saldar si queremos sentirnos bien y que el estrés desencadenado nos afecte cada vez menos y nos haga menos daño.

Como ya vimos, la ausencia crónica de ejercicio físico (el sedentarismo) es, con frecuencia, uno de los principales desencadenantes de los efectos indeseables del estrés, de modo que la actividad muscular es la forma más natural y eficaz de prevenir las consecuencias de cualquier tipo de estrés. En el capítulo 9 se han descrito las normas esenciales para practicar un ejercicio saludable.

Cuando cada tarde salimos a trotar o a caminar, o vamos al gimnasio a hacer ejercicio físico o pedaleamos en casa durante una hora, lo que estamos haciendo es, por una parte, saldar la deuda de movimiento por todas las situaciones de estrés que hemos vivido a lo largo del día y en las que ni hemos huido, ni luchado ni nos hemos hecho el muerto; por otra parte, estamos pagando la cuota diaria de actividad física que exige nuestro organismo para tener todo bajo control en un estado saludable.

Alimentación

Los planes de alimentación saludables son la mejor manera de lograr un medio interno en paz con nuestro diseño evolutivo y de proporcionarnos los nutrientes que necesita nuestro organismo para defenderse de los efectos indeseables del estrés y aminorar su efecto. A lo largo de las páginas precedentes se han ido proporcionando normas de alimentación saludable para la prevención y el tratamiento de algunas formas de estrés.

La relación entre el estrés pantostático y la alimentación es doble. Por un parte una persona estresada tiende a una alimentación poco saludable (excesiva o deficiente, comida rápida, exceso de café, alcohol, etc.); por otra, la alimentación desequilibrada predispone al estrés y agrava sus consecuencias negativas. En una persona estresada que no cuide su alimentación se crean una serie de círculos viciosos entre los mediadores del estrés y los nutrientes que van deteriorando su salud y haciendo florecer todas las complicaciones serias que puede producir el estrés. Por eso, una de las medidas más eficaces para aminorar los efectos del estrés y prevenir sus consecuencias negativas es una alimentación saludable que procure atender a tres condiciones: el equilibrio de nutrientes, el equilibrio de calorías y la ausencia de tóxicos.

Mantener una alimentación equilibrada se refleja en estas doce recomendaciones generales:

1. Repartir la comida diaria en más de cinco tomas.
2. Consumir a la semana siete porciones de pescado (tres de pescado azul), cuatro de carne y tres de huevo.

3. Las frutas, verduras u hortalizas han de estar presentes en las cinco comidas diarias.
4. Consumir cada semana cuatro raciones de cereales integrales, dos de legumbres y una de féculas.
5. Consumir cada día un vaso de leche desnatada, un yogur y una porción pequeña de queso.
6. Cocinar con aceite virgen de oliva y usar especias y condimentos naturales. Ajos, cebollas y picantes son especialmente saludables y antiestrés.
7. Beber cada día al menos litro y medio de líquido repartido en agua, bebidas sin azúcar añadido e infusiones: el té verde, sobre todo.
8. Reducir la sal al cocinar, lo más que se pueda y nunca salar en la mesa. Mejor usar sal yodada.
9. No consumir demasiado café, ni bebidas estimulantes, ni abusar de alcohol y otros tóxicos.
10. Ajustar el consumo diario de calorías para mantener nuestro peso dentro de los límites normales, como ya se ha indicado.

Evitar tóxicos y drogas

Los mediadores del estrés que circulan por el cuerpo a grandes concentraciones en las situaciones de estrés crónico favorecen y potencian la adicción a distintos tipos de drogas, que a su vez hacen que aumenten los efectos negativos del estrés. A mucha gente le puede tentar el consumo de drogas o el abuso del alcohol como una manera de combatir su estrés; pero son medidas que nunca ayudan, sino que con frecuencia empeoran la situación. Son numerosos los estudios realizados tanto en personas como en modelos animales que demuestran que el consumo habitual de drogas altera profundamente los sistemas de respuesta frente al estrés. Y este efecto negativo lo ejercen a diversos niveles. Por ejemplo, alteran la expresión de genes relacionados con la respuesta al estrés, ya que modifican los mecanismos de secreción de los mediadores del estrés y los receptores sobre los que actúan y, por supuesto, alteran los efectos de los mediadores del estrés.

Uno de los efectos más conocidos es el que resulta del abuso de opiáceos como la morfina o la heroína. Ya hemos comentado que estas drogas actúan sobre los receptores diseñados por la naturaleza para captar unos importantes mediadores de estrés, como son las endorfinas y las encefalinas, cuya misión es aminorar las sensaciones dolorosas que puedan derivarse del estrés (fracturas, heridas, desgarros, etc.).

El consumo habitual de heroína reduce los opiáceos endógenos que produce el organismo, ya que por la sangre del individuo está circulando gran cantidad de sustancias similares (las drogas) que hacen que el organismo se inhiba en la producción de endorfinas y encefalinas. Cuando el drogodependiente no ha recibido durante un tiempo su dosis de droga, su organismo se queda sin «protección contra el dolor». Ante esta carencia externa e interna de supresores del dolor, se desencadena el llamado síndrome de deprivación, «el mono», que entre otras cosas se caracteriza por terribles e incontrolables dolores por todo el cuerpo. En estas personas, el mero roce de la ropa contra su piel, la opresión del cinturón o de los tirantes del sujetador les ocasiona molestias insufribles. Esto se debe a que por su sangre no circulan ya ni los opiáceos que se inyectaban ni los que normalmente fabrica nuestro organismo para aminorar el dolor innecesario.

Por otro lado, cualquier médico sabe que el exceso de alcohol es una de las causas de hipertensión. El alcohol actúa potenciando los efectos de los mediadores catecolaminas; en muchas personas, el alcohol hace lo contrario de lo que se espera, es decir, potencia los efectos de los mediadores del estrés y reduce la tolerancia al estrés. Un pequeño incidente de tráfico, que apenas nos afectaría en una situación normal, puede producirnos un estado de furia irracional si estamos bajo los efectos de un par de copas. Además, con el alcohol, como hemos comentado que ocurre con otras drogas más fuertes, se pueden producir los llamados efectos rebote: a veces parece que una copa calma momentáneamente los efectos del estrés, pero ocasiona un agravamiento posterior.

Algo similar ocurre con el tabaco. Mucha gente dice que fumar cigarrillos les calma los nervios. Pero la nicotina es en realidad un estimulante. Es posible que el mayor efecto calmante del tabaco resida en el mero acto de fumar; quizá se obtienen los mismos efectos antiestrés si se mordisquea la parte superior de un lápiz.

Con la cafeína ocurre un fenómeno peculiar que deriva de la enorme diferencia que existe entre las personas respecto a los efectos que les produce el consumo de este alcaloide estimulante. Hay personas poco sensibles a la cafeína, y el consumo de varias tazas de café apenas afecta a su actividad ni les causa nerviosismo. En el otro extremo, están aquellos a quienes consumir una sola taza de café a media tarde ya les impide conciliar el sueño por la noche. Para aquellas personas habituadas, el tomar dos o tres tazas de café al día no afecta a su salud, ni agrava su estrés.

Relaciones sociales y familiares, comunicación

Hoy día se reconoce la importancia del contexto social y familiar del individuo a la hora de reaccionar frente al estrés: los compañeros de trabajo, la familia, los vecinos, las asociaciones de apoyo, el sistema sanitario, etc. La pertenencia a un grupo y el apoyo social ayuda a los individuos a controlar la información relacionada con el estrés, a incrementar su nivel de autoestima y a conseguir una mayor resistencia frente a los efectos negativos del estrés.

Por ejemplo, la soledad se relaciona con niveles excesivos de cortisol y con un aumento del fibrinógeno en sangre, lo que determina su mayor coagulabilidad y el riesgo de trombosis.

Religión, espiritualidad

La religión y la espiritualidad en general son aspectos muy importantes en la vida de algunas personas. Se sabe que están implicados en el tratamiento del estrés más de lo que podemos imaginar, ya que afecta a la actitud frente al problema e influye en el tratamiento y la evolución del estrés crónico. En las terapias complementarias del estrés deben tenerse en cuenta estos aspectos.

Los antídotos contra el estrés

¿Para qué sirve hacer puenting? ¿Por qué la gente se tira en paracaídas? ¿Cuál es la razón de que muchas empresas lleven a sus ejecutivos a pasar miedo en un albergue solitario, en medio de un bosque, donde les someten a todo tipo de pruebas arriesgadas? ¿Por qué muchas personas se sienten más felices y con mejor salud si practican algunos deportes que implican un cierto riesgo, como la escalada en roca, el surf o caminar por terrenos aislados y difíciles? En realidad, se trata de aplicar una especie de «vacuna o antídoto» contra el estrés; es decir, inyectar dosis pequeñas de una situación estresante controlada para mejorar la resistencia a las situaciones estresantes graves a las que esa persona está expuesta en la vida real.

En parte su efecto beneficioso tiene raíces psicológicas que se basan en el principio denominado «control de la experiencia». Según parece, superar estas situaciones de riesgo controlado durante las cuales se ponen en marcha los mecanismos del estrés permite adquirir una experiencia controlada sobre la respuesta de nuestro organismo. Esta experiencia controlada mitiga la percepción del estrés y reduce el daño que pueda ocasionar en el individuo un estrés real.

Estas respuestas también forman parte de un fenómeno más general, de gran importancia en medicina, que se denomina «hormesis»: un agente físico o biológico o una sustancia que a dosis elevadas produce un efecto tóxico, negativo o incluso la muerte, en dosis mucho más pequeñas puede proteger o ejercer efectos beneficiosos para el organismo («lo que no nos mata nos hace más fuertes»). La hormesis permite desarrollar una respuesta adaptativa en el organismo mediante cambios en la expresión de determinados genes (mecanismos epigenéticos). Se puede aplicar a todo lo relacionado con la longevidad y a los efectos del estrés sobre ella.

Por lo tanto, la gente, cuando practica esos deportes o entretenimientos arriesgados, suele justificarse con la frase «me sube la adrenalina», aunque no sepa apenas nada de esta hormona. Nosotros ya sabemos que la adrenalina es, con el cortisol, una de las dos hormonas esenciales en la respuesta al estrés pantostático. La adrenalina interviene en la formación del llamado «aprendizaje del miedo». Por lo tanto, es muy beneficioso someter de vez en cuando a nuestro organismo a situaciones de riesgo controlado (tirarse por una montaña rusa o practicar deportes de riesgo).

Los adaptógenos

Se denomina adaptógenos a un grupo de sustancias naturales, de procedencia vegetal, que no son tóxicas en dosis normales y que su ingestión desencadena en el organismo una resistencia frente a múltiples agentes estresantes.

Existen numerosas plantas reconocidas como adaptogénicas, entre las que deberíamos considerar nuestra famosa infusión de tila. La mayor parte de las plantas adaptógenas proceden de la medicina china tradicional, y de muchas de ellas no se conocen bien los principios activos responsables de sus efectos beneficiosos sobre el estrés.

Las plantas reconocidas como adaptogénicas son: *Codonopsis pilosula* (Dang shen), *Eleutherococcus senticosus* (Leuthero), *Glycyrrhiza glabra* (Licorice), *Gynostemma pentaphyllum* (Jiaogulan), *Lepidium meyenii* (Maca), *Ocimum sanctum* (Holy basil), *Panax ginseng* (Ginseng), *Rhodiola rossea* (Rhodiola), *Schisandra chinemsis* (Schisandra), *Morinda citrifolia* (Noni). Muchas de estas plantas forman parte de preparados para infusiones que se venden en farmacias, parafarmacias y herbolarios.

Tratamiento farmacológico

En determinadas circunstancias, que deben ser valoradas por el médico, se necesitan medidas farmacológicas complementarias para abordar el tratamiento del estrés crónico.

En primer lugar, en situaciones especiales puede ser necesario recurrir a fármacos para el tratamiento del estrés en sí y para evitar que ocasione daño al organismo. Por ejemplo si ya existe una patología subyacente (enfermedad cardiovascular), en el estrés severo y en los desórdenes causados por el estrés postraumático: sucesos repentinos catastróficos, desastres naturales, ataques terroristas y experiencias traumáticas personales (asaltos, violaciones, muerte de un ser querido).

No existe una única píldora mágica en el tratamiento farmacológico del estrés. Los especialistas evaluarán cada caso y prescribirán los fármacos más adecuados según los síntomas y la patología concreta. Los más usados son los antidepresivos y los ansiolíticos.

En segundo lugar, está el tratamiento de aquellas enfermedades que causan el estrés. Para muchas de ellas disponemos hoy día de medicinas muy eficaces y con pocos efectos secundarios indeseables. Será el médico quien evalúe la estrategia terapéutica más adecuada en las enfermedades metabólicas, cardiovasculares, inmunológicas, en el cáncer, la demencia, las adicciones o en situaciones relacionadas con el envejecimiento.

Otras medidas

Existen numerosas medidas cuya pretensión es prevenir el estrés y sus efectos indeseables. Muchas de ellas pertenecen al terreno de la fantasía, cuando no al del engaño fraudulento. Sin embargo, algunas pueden producir un efecto beneficioso en determinadas circunstancias.

Queremos destacar en esta miscelánea tres procedimientos que, cuando lo aplican los expertos, pueden coadyuvar al efecto beneficioso de otras medidas sobre el tratamiento y la prevención de los efectos negativos del estrés. Se trata del masaje terapéutico, la acupuntura y la aromaterapia.

El masaje terapéutico

El masaje es la manipulación de los tejidos corporales mediante las manos o con la ayuda de algún instrumento. Es una de las artes sanatorias más antiguas. En manos expertas, puede relajar el cuerpo entero y proporcionar sensación de energía que persiste más allá del momento del masaje. Bien administrado, el masaje terapéutico produce una relajación general, reduce el ritmo cardiaco, disminuye la presión arterial, favorece la circulación de la sangre en las extremidades, facilita el drenaje linfático y mejora la flexibilidad de las articulaciones. Puede incluso llegar a estimular la liberación de endorfinas y encefalinas y reducir los elevados niveles de mediadores del estrés.

Hay numerosas técnicas de masaje que pueden ser eficaces cuando una persona se encuentra sometida a una gran tensión por estrés. Pero el masaje no es algo inocuo. Aplicado por una persona inexperta puede causar graves lesiones, incluso la muerte. Yo personalmente he podido constatar el fallecimiento de una joven por trombosis de una vena yugular a causa de un masaje de cuello dado por un individuo oriental que no tenía la preparación adecuada.

La acupuntura

Esta es otra de las técnicas para controlar los efectos negativos del estrés que no goza de un amplio reconocimiento científico, y que aún no sabemos cómo actúa. Es una opción alternativa que debe ponerse en manos de una persona cualificada.

La aromaterapia

La aromaterapia es otra de las técnicas que están recibiendo un reconocimiento científico y que también se utiliza para el alivio de los efectos negativos del estrés. Algunas publicaciones recientes, que se incluyen en la bibliografía, muestran las ventajas de esta técnica. Se utilizaron 54 estudiantes voluntarios a los que se les medían parámetros relacionados con la activación simpática y la inhibición parasimpática. La medición era antes y después de aplicarles durante diez minutos un spray de aceites esenciales de bergamota. Se obtuvieron resultados estadísticamente significativos que mostraban que se reducía la activación simpática y predominaba el tono vagal, parasimpático. Es una técnica novedosa, no desdeñable. Quién sabe, quizá solo con tener un determinado aroma en la oficina o en el hogar se pueden aplacar los efectos de un estrés crónico.

Hay que tener en cuenta que, para gran parte de los animales, el olfato es uno de los sentidos esenciales para prevenir situaciones de peligro y para resolver problemas como el encontrar agua o alimento. Aunque en los primates, y en los seres humanos, se ha perdido gran parte de la capacidad de discriminación olfativa, puede ser que algunos aromas estimulen receptores olfativos que conecten con centros nerviosos relacionados con el control de la respuesta al estrés.

Para saber más

La resiliencia y las técnicas cognitivas

Investigaciones recientes han identificado los mecanismos ambientales, genéticos, epigenéticos y neurohormonales que son responsables de la resiliencia. Estos controlan el funcionamiento de los circuitos neurales que regulan el miedo, la recompensa, la reactividad emocional y la conducta social que en su conjunto median la capacidad de enfrentarse al estrés.

Feder, A., Nestler, E.J. y Charney, D.S. Psychobiology and molecular genetics of resilience. National Review Neuroscience. 10: 446-457, 2009.

A continuación citamos dos páginas de internet que contienen descripciones completas, didácticas y actualizadas sobre las técnicas cognitivas para la prevención y el tratamiento del estrés.

Marsellach, G. Técnicas cognitivas para el tratamiento del estrés http://ugt-aena.galeon.com/cognitivas.html

Muzzupappa, N.A. Diversas técnicas cognitivas aplicadas al tratamiento del stress. En: Estrés, ansiedad y depresión. http://www.mailxmail.com/

Algunos textos con descripciones completas de las técnicas de respiración profunda, relajación y meditación, son:

Sivananda, S. *Ciencia del pranayama*, Editorial Kier S.A., Buenos Aires, 1971.

Vishnudevananda, S. *El libro de yoga*, Alianza Editorial, Madrid, 1974.

Realmente, desde una perspectiva científica, no sabemos qué es exactamente el prana. Pero desde hace siglos los yoguis están convencidos de que quien controla su respiración y, por ello, el prana en su organismo, controla su mente y su salud. El yoga señala que en la respiración ordinaria, superficial, solamente se capta una pequeñísima cantidad de prana. Pero con la respiración profunda, controlada, podemos acumular gran cantidad de prana en determinados lugares (chacras) que se corresponden con centros nerviosos, fundamentalmente en el plexo solar (el gran centro del sistema nervioso simpático que hay dentro de nuestro vientre, a nivel del ombligo) y en el cerebro.

Algunas publicaciones sobre estudios científicos acerca de los efectos beneficiosos de estas técnicas son las siguientes:

Zhanq Z.Q. y Tan J.L., Breath control helps quell errant stress response. Harvard Women's Health Watch, agosto 2006.

Según los estudios que se citan, uno de los mecanismos beneficiosos de la técnica de relajación profunda, del control de la respiración y de las técnicas de meditación son los cambios epigenéticos que ejercen sobre la expresión de ciertos genes.

Dusek, J.A. y cols. Genomic counter-stress changes induced by the relaxation response. PLoS One. 2008. (artículo on line). http://www.plosone.org

Epel, E. y cols. Can meditation slow rate of cellular aging? Cognitive stress, mindfulness, and telomeres. Annals New York Academy Science. 1172: 34-53, 2009.

Sharma, H. y cols. Gene expression profiling in practitioners of Sudarshan Kriya. J Psychosom Res. 64: 213-218, 2008.

Ejercicio físico y estrés

No hay dudas de que el ejercicio físico practicado con regularidad es el mejor método para contrarrestar los efectos negativos del estrés. Los siguientes artículos dan información detallada a este respecto.

Moreno, J.M., García Halcón, J.L. y Campillo, J.E. Influence of diet and physical exercise on plasma lipid concentrations in an homogeneous sample of young Spanish air force pilots. European Journal Applied Physiology. 69: 75-80, 1994.

Rimmele, U. y cols. Trained men show lower cortisol, heart rate and psychological responses to psychosocial stress compared with untrained men. Psychoneuroendocrinology. 32: 627-635, 2007.

Tsatsoulis, A. y Fountoulakis, S. The protective role of exercise on stress system dysregulation and comorbidities. Annals New York Academy Sciences. 1083: 196-213, 2006.

Otras medidas

La hormesis es un concepto general en fisiología y en terapéutica que se refiere a que algunos tratamientos mediante remedios físicos, químicos o de conducta, pueden ser dañinos para nuestra salud, incluso mortales, si se aplican a dosis elevadas, pero que la exposición a dosis pequeñas desencadena en el organismo una respuesta que puede ser beneficiosa para la salud. De la misma manera, la exposición a una dosis subletal y controlada de estrés induce una respuesta del organismo de la que resulta una mayor resistencia a un estrés de la vida real.

Gems, D. y Partridge, L. Stress-response hormesis and aging: "that which does not kill us makes us stronger". Cell Metabolism. 7: 200-203, 2008.

Los adaptógenos no son una solución definitiva al problema del estrés, pero pueden servir de ayuda al éxito de otras medidas más eficaces. Los interesados en este asunto pueden encontrar información actualizada en las siguientes referencias.

Panossian, A. y Wikman, G. Evidence-based efficacy of adaptogens in fatigue, and molecular mechanisms related to their stress-protective activity. Current Clin. Pharmacol. 4: 198-219, 2009.

—, Effects of Adaptogens on the Central Nervous System and the Molecular Mechanisms Associated with Their Stress – Protective Activity. Pharmaceuticals. 3: 188-224, 2010.

Entre las técnicas más novedosas y sorprendentes está la aromaterapia. Aquí tienen un artículo muy reciente que demuestra las propiedades antiestrés de la aromaterapia.

Chang, K.M. y Shen, C.W. Aromatherapy benefits autonomic nervous system regulation for elementary school faculty in Taiwan. Evid Based Complementary Alternative Medicine (publicación on line, 2011).

Apéndice

Yo no soy un experto en técnicas cognitivas ni en psicoterapia, pero aquí les recopilo, a título informativo, las principales técnicas que utilizan los expertos para el tratamiento del estrés pantostático. Toda persona que sienta necesidad de ser ayudada en estos aspectos debería recurrir a un especialista.

Técnicas cognitivas y de conducta

Las técnicas de intervención cognitiva del estrés son muchas y dependiendo de cuáles sean los síntomas que predominan se deberá escoger una u otra. Cada una de las técnicas ayuda a cambiar la forma de afrontar los sucesos que originan el estrés. Los mayores beneficios de la intervención cognitiva del estrés solo pueden obtenerse después de una práctica regular y constante durante algún tiempo.

Cuando se aprenda la técnica, deberá buscar un lugar tranquilo donde no pueda ser distraído. Asimismo, es conveniente la práctica a diario, ya que la práctica ayudará a desarrollar nuevos patrones de pensamiento y conducta que gradualmente se convertirán en automáticos. Se trata, en definitiva, de combatir las situaciones de estrés creando condicionamientos favorables.

Técnica I: Combatir los pensamientos deformados

Se trata de cambiar aquellos pensamientos deformados o distorsionados que son responsables de nuestra especial sensibilidad a determinadas situaciones estresantes. Hay quince tipos de pensamientos deformados o distorsionados.

Filtraje: Se trata de aquellas personas que desarrollan una especie de visión túnel, a través de la cual solo ven un elemento del problema, con exclusión de todo lo demás.

Polarización: Todo lo percibimos exagerado, sin términos medios.

Sobregeneralización: Tendemos a extraer conclusiones generalizadas a partir de un solo elemento o incidente sin importancia.

Interpretación: Al interpretar el pensamiento se hacen juicios repentinos sobre los demás y su reacción ante uno mismo.

Catastrofismo: Es cuando usamos habitualmente la expresión condicional: «y si ...». El más insignificante suceso nos induce a pensar que se va a hundir el mundo.

Personalización: Tenemos tendencia a relacionar cosas del ambiente con uno mismo.

Falacias de control: Aquí hay dos versiones: la del «omnipotente», que se cree responsable de todo lo que ocurre y de todos los que le rodean; la del «impotente», se bloquea porque piensa que carece de capacidad para controlar las situaciones.

Falacias de justicia: Es el legalismo extremo aplicado a las relaciones interpersonales.

Razonamiento emocional: Cree que lo que piensa es lo verdadero. Se siente perdedor, es un perdedor.

Falacia de cambio: La felicidad depende de los actos de los demás, por eso se les oculta datos, exigencias, negociaciones.

Etiquetas globales: Visión del mundo estereotipada y unidimensional.

Culpabilidad: Focalizada exclusivamente en uno mismo o en los demás.

Los debería: «debería, habría que, tendría». Reglas inflexibles que deben regir las relaciones de todas las personas. Juicios inflexibles de los demás y de uno mismo.

Tener razón: Tiene que demostrar siempre que su punto de vista es el correcto y sus apreciaciones del mundo, las más justas.

Falacia de la recompensa divina: La persona se comporta correctamente esperando una recompensa, acumulando puntos que cobrará algún día en otra vida.

El procedimiento para modificar las distorsiones incluye cuatro pasos. Primero hay que nombrar la emoción, luego describir con detalle la situación o suceso, en tercer lugar hay que identificar las distorsiones y, finalmente, eliminar las distorsiones reescribiendo de nuevo el guion del pensamiento.

Técnica II: La aserción encubierta

Se trata de aprender a interrumpir inmediatamente el pensamiento que nos provoca estrés, ansiedad emocional, depresión o cólera; los efectos negativos quedan cortados antes de que hagan daño. El hueco hay que rellenarlo automáticamente con pensamientos constructivos, positivos, que tenemos previamente preparados para el caso. Las personas religiosas recurren a las llamadas «jaculatorias», que es una frase o evocación relacionada con su fe.

En primer lugar hay que identificar cuáles son los pensamientos estresantes; siempre que sean situaciones de la vida real, no imaginarias. Luego nos entrenaremos para fijar las interrupciones temporales. Para ello podemos recurrir a la ayuda de un cronómetro o reloj despertador. Durante dos minutos nos ocupamos en recrear en la mente el pensamiento perturbador. Cuando suene la alarma diremos entre dientes ¡Basta! o ¡Stop!, e intentaremos mantener la mente en blanco durante treinta segundos. Luego practicaremos sin la ayuda del despertador. Siempre gritando entre dientes (subvocalización) el mantra que usemos para detener el pensamiento negativo. Hay que tener a mano pensamientos positivos, agradables (aserciones encubiertas) con el que formar un catálogo para rellenar el vacío mental originado al suprimir el pensamiento estresante.

Técnica III: La solución de problemas

Cuando la persona está afectada por una incapacidad para tomar decisiones, para encontrar una solución eficaz ante un determinado problema, se genera ansiedad y estrés.

Hay que identificar con claridad las situaciones conflictivas, describir con detalle el problema y la respuesta habitual a dicho problema, los objetivos que se pretenden: quién, qué, dónde, cuándo, cómo y por qué. Luego hacer un listado con las alternativas en plan «tempestad de ideas» o *brainstorming*. Escriba todo lo que se le ocurra a toda velocidad, casi sin pensar. Analizar las consecuencias de cada opción, seleccionar las estrategias más prometedoras y evaluar sus consecuencias en el caso de ponerlas en práctica. Finalmente, evaluar los resultados. ¿Suceden las cosas tal y como estaban previstas?

Técnica IV: Inoculación del estrés

Enseña a afrontar de manera conveniente y a relajarse frente a una amplia gama de situaciones estresantes. Desarrolla nuevas formas de reacción que no sean el miedo y la cólera.

El procedimiento incluye, en primer lugar, la elaboración de una lista completa de aquellas situaciones que nos causan más estrés. Se intenta ordenarlas de menos a más estresantes. Luego se trata de comenzar por las menos estresantes. Se evoca la situación a la vez que controlamos la respiración y nos relajamos. Hay que crear un catálogo de pensamientos positivos, agradables, que sirvan para el afrontamiento de la situación estresante. Una vez que se han ensayado y logrado un entrenamiento adecuado, hay que aplicar el afrontamiento y la relajación a situaciones estresantes reales.

Índice alfabético

Índice de contenidos

Otros títulos del autor en Booket:

booket